U0150710

原来数学
可以这样学
数学的园地

刘薰宇　著

中国纺织出版社有限公司

内 容 提 要

本套书主要讲述日常生活中碰到的有关数学问题，讲万物皆数学，希望通过万物来学数学，使学数学变得更快速更有趣。作品在嬉皮笑脸中谈严肃的数学法则，说理浅明，深刻挖掘数学的内在趣味。作品所收录的都是作者从日常生活中随处拾来的数学文章，人们日常生活中有关枯燥、繁难、令人头痛的数学问题和算法，经过作者生动有趣地巧妙阐述，都变成趣味丰富、令人爱读的文字了，能够起到普及数学和建立数学兴趣爱好的作用。

图书在版编目（ＣＩＰ）数据

原来数学可以这样学．数学的园地 ／ 刘薰宇著．--
北京 ： 中国纺织出版社有限公司，2021.2
　　ISBN 978-7-5180-7749-6

　　Ⅰ．①原… Ⅱ．①刘… Ⅲ．①数学－青少年读物
Ⅳ．①O1-49

中国版本图书馆 CIP 数据核字（2020）第 148195 号

责任编辑：赵晓红　　责任校对：王蕙莹　　责任印制：储志伟

中国纺织出版社有限公司出版发行
地址：北京市朝阳区百子湾东里 A407 号楼　邮政编码：100124
销售电话：010—67004422　传真：010—87155801
http://www.c-textilep.com
中国纺织出版社天猫旗舰店
官方微博 http://weibo.com/2119887771
三河市延风印刷有限公司印刷　各地新华书店经销
2021 年 2 月第 1 版第 1 次印刷
开本：880×1230　1/32　印张：18.5
字数：367 千字　定价：112.00 元（全 3 册）

凡购本书，如有缺页、倒页、脱页，由本社图书营销中心调换

那是我在读中学三年级的时候，在上物理课时，曾经碰过物理老师的一个钉子，只要现在一回想起这个事，在额头好像都还留下有余痛。当时的情况是这样的，大概为了一个什么公式，我不知道它的来龙去脉，于是就很愚笨地向老师寻问。

起初老师还很和善，虽然他已经有一些不大高兴了，但是他还是说："你只要记住就好了，这是怎样来的，说来你这时也不会懂得的。"

那时，在我幼小的心灵里，无论如何都不会承认真有"说来也不会懂得"这么一回事，于是便仍然不知趣地请求说："先生，说说看吧！"

他真懊恼了，这一点我记得非常清楚。他脸色一阵红又一阵青，呼吸非常急促，显然十分气愤，手也开始颤抖了，就从桌上拿起一支粉笔使劲地在黑板上写了这样一个符号：$\dfrac{\mathrm{d}y}{\mathrm{d}x}$。

他转过身来瞪着我，几乎想要把我吞到他肚子里才甘心似地说："这你懂吗？"

我被吓得不敢出声，心里暗想"真是不懂"。从那一次起，我已经被吓得只好承认不懂，然而总也不大甘心，常常想从什么书上去找 $\dfrac{\mathrm{d}y}{\mathrm{d}x}$ 这几个奇怪的符号看看。可惜得很，一直过了三年才遇见它，才算"懂其所懂"地懂了一点。真的，第一次知道它的意义时，我心里感到无限的喜悦！

不管怎样，马马虎虎，总算弄懂了。然而我的年龄也大起来了，已经踏进被人追问的领域。"代数、几何，都学一些什么呢？""微积分是怎样的东西呢？"

这类问题，常常被比我年纪小的朋友们问到。我总记起我碰钉子时的苦闷，不忍心让他们在我面前也碰，于是常常想些似是而非的解说，使他们不会全然失望。

不过，总觉得于心不安，我相信一定可以简单地说明它们的大意，只是我不曾仔细地思索过罢了。

最近偶然在书店里看见一本《两小时的数学》（*Deux Heures de Mathé matique*），觉得书名很奇特，便买了下来。翻读一会儿，觉得它能够替我来解答前面的问题，因此就依据它，写成这篇东西，算是了却一桩心愿。

我常常这样想，数学和辣椒有些相似，没有吃过的人，初次吃到，免不了要叫、要哭，但是如果真吃惯了，不吃却无法生活下去。不只这样，就是吃到满头大汗，两眼泪流，身体上固然忍受着很大的痛苦，精神上却愈加舒畅。

话虽如此，这里却不是真要用这很辣的东西硬叫许多人流一通大汗，数学实在没有吃辣椒那么辣。

数学的阶段是很严谨的，只能一步一步地走上去。要跳，那简直是痴心妄想，结果只有跌下来了。因此先来简单地说几句关于算术、代数、几何的问题。

算　术

　　无论哪一个人要走进数学的园地里去游览一番，一进门碰到的就是算术。这是因为它比较容易，也比较简单，所以易于亲近的缘故。

　　话虽如此，真要在数学的园地里游个尽兴，到后来你碰到的却又是它了。"整数的理论"就是数学中最难的部分。

　　你在算术中，经过了加、减、乘、除四道正门，可以看到一座大厅，门上横挂着一块大大的匾，上面写着"整数的性质"五个大字。你走进这个大厅，很快又走了出来，由那里转到分数的庭院去，你当然很高兴。

　　但是我问你：你在那个大厅里究竟得到了什么呢？里面最重要的不是质数吗？1，3，5，7，11，13，…你都知道它们是质数了吧？然而，这就够了吗？

　　随便给你一个数，如103，你能够用比它小的质数一个一个地去除它，除到最后，得数比除数小而且除不尽，你就知道它是质数。这个方法是非常可靠的，然而真要把它正正经经地拿来用，那就叫你不得不摇头了。

　　如果我给你的数不是103，而是一个有103位的整数，你还能呆板地用老办法去判断它是不是质数吗？那么，有没有别的办法可以判断一个数是不是质数呢？如果真想知道答案，多请一些人到这座大厅里去转转。

　　在"整数的理论"中，问题有很多，得到了其他一部分数学的帮助，也解决过一些问题，所以算术的领域也是常常增加新的建筑和点缀的，不过不及其他部分来得快罢了。

代　数

　　走到代数的殿堂上，你学会了解析一次方程式和二次方程式，这自然是值得高兴的事情。算术碰见了四则问题，只要用一两个罗马字母去代替所要求的数，根据题目的已知条件，创建一个方程式，就可以按照法则求出答数来，真是又轻巧又明白！

　　代数比算术有趣得多、容易得多！但是，这也只是在那殿堂里随便玩玩就走了出来的说法而已，如果总是逗留在里面，那么就会看出许多困难了。一次、二次方程式会解了，一般的方程式如何解呢？

几　何

　　几何的这座院子，里面本来是陈列着一些由直线和曲线构成的图形的，所以，你最开始走进去的时候，立刻会感到特别有趣，好像它在数学的园地里，俨然别有天地。

　　自从笛卡尔（Descartes）发现了它和代数院落的通道，这座院子就不是孤零零的了，它的内部变得更加充实、富丽。莱布尼茨（Leibnitz）用解析的方法也促进了它的滋长、繁荣。

　　的确，用二元一次方程式 $y=mx+c$ 表示直线，用二元二次方程式 $x^2+y^2=c^2$ 和 $\dfrac{x^2}{a^2}+\dfrac{y^2}{b^2}=1$ 相应地表示圆和椭圆，实在便利不少。这条路一经发现，来往行人都可以通过，所以解析数学和几何就手挽手地互相扶助着向前发展。

虽然在几何的院子中，有一条单独的出路上悬挂上一块"路不通行，游人止步"的牌子。但它也在独自向前发展，从来没有停息。

　　题着"位置分析"（Analysis Situs），又题着"拓扑学"（Topobogie）的那间亭子，就是后来新建造的。你要想在里面看见空间的性质以及几何的连续的、纯粹的性相，只需用到"量度"的抽象观念就够了。

集合论（Théorie des Ensembles）

　　在物理学的园地里面，有着爱因斯坦（Einstein）的相对论原理的新建筑，它所陈列的，是通过灵巧、聪慧的心思和敏锐的洞察力所发现的新定理。

　　像这种性质的宝物，在数学的园地中，也可以找得到吗？在数学的园地里，走来走去，能够见到的都只是一些老花样、旧古董，和游赏一座荒废的寺庙一样吗？

　　不，绝不！那些古老参天的树干，那些质朴的、从千百年前遗留下来的亭台楼阁，在这园地里，固然占有重要的地位，非常容易映入游人眼帘。

　　如果你看到了这些还不感到满足的话，那就请你慢慢地走进去，你就可以看到古树林之中还有非常鲜艳的花草，在亭楼里面还有更加新奇的装饰。这些增加了这块园地的美感，充实了这块园地的生命。由它们就可以知道，数学的园地从开辟到现在，从未停止过垦殖。

　　在其他各种园地里，可以看见灿烂夺目的新点缀，但是常常也可以见到那旧建筑倾倒以后残留的破砖烂瓦。在数学的园地里，却只有欣欣向荣的盛景。那残败的、使人感到凄凉的遗迹，却非常稀少，因为它有着很牢固的根底。

在数学的园地里，有一种使人感到不可思议的宝物，叫作"无限"（L'infini mathématique）。它常常都是一样的吗？它里面究竟包含着些什么，我们能够说明吗？它的意义必须确定吗？

游览到了数学园地中一个新的院落，院墙大门上写着"集合论"三个字，那里面就可以找到这些问题的答案了。那里面是十分有趣的，用一面大的反射镜，可以让你看到这个园地和哲学花园的关联以及它们之间的通道。

三十年来，康托尔（Contor）将超限数（Des nombres transfinis）的意义导出，和那物理园地中惊奇的新建筑同样重要，而且令人惊异！在本文的最后，就要说到它。

刘薰宇

1940年2月19日于昆明万松草堂后院

目录

01 学好微积分的首要事

我们开始讲正文吧！先从一个极其平常的例子说起。假如我和你两个人同乘一列火车去旅行，在车里非常寂寞。不凑巧，我们既不是诗人，不能从那些经过车窗往后飞奔的田野、树木汲取什么"烟士披里纯[1]"；我们又不是画家，不能够在刹那间感受到自然界令人震撼的美。

我们只能忍受，总是会觉得车子走得非常慢，真是到了不耐烦的时候，也许会感到比我们自己步行还慢。但这全是主观意念，就是同样以为它走得太慢，我们所感到的慢的程度也不一定相等。

我们只管诅咒火车跑得不快，火车一定不肯罢休，要求我们拿出证据来，这一下子有事做了，我们两个人就来测量它的速度吧！你站立在车窗前，数着铁路旁边的电线杆，假定每两根电线杆之间的距离是相等的，同时由我来看着手表，所以我们就知道了时间。

当你看见第一根电线杆的时候，你立刻叫出"1"来，我就注意手表上的秒针在什么地方。你数到一个数目要停止的时候，又

---

[1] 出自徐志摩的诗歌《草上的露珠儿》。是英语 inspiration 的音译，也就是灵感的意思。

将那个数叫出，我再看手表上的秒针指在什么地方。这样屈指一算，就可以计算出这辆火车的速度。

假如计算出来的是每分钟走1千米，那么60分钟，就是1小时，火车要走60千米，火车的速度就是每小时60千米。无论怎样，我们都不能说它太慢了。

同样的，如果我们知道：一个人12秒钟可以跑100米，一匹马30分钟能跑15千米，我们也可以将这个人每秒钟的速度或这匹马每小时的速度计算出来。

你觉得很容易，但是你真要计算出那火车或人的精确速度，实际却很难。比如你另换一个方法，先只注意火车或人从地上的某一点跑到另一点要多长时间，然后用卷尺去丈量这两点的距离，再计算他们的速度，那么多半不会恰好。

火车每小时走60千米，人每12秒钟可跑100米。也许火车走60千米只要 $59\frac{3}{10}$ 分，人跑100米不过 $11\frac{3}{5}$ 秒。你只要有足够的耐心，尽可以去测量几十次或一百次，你一定可以看出来，没有几次的结果是全然相同的。

所以速度的测法，说起来简单，做起来那就难了。你测量了一百次，说不定没有一次是对的。即使一百次中有一次是对的，你也没办法知道究竟是哪次。归根结底，我们不得不说，只能测量到"相近"的数值。

说到"相近"，也有程度的不同，使用的工具越精良，"相近"的程度就越高，反过来误差就越大。使用极其精密的电子表测量时间，误差可以小于 $\frac{1}{100}$ 秒。我们可以想象，假如使它更精密些，可以使误差小于 $\frac{1}{1000}$ 秒，或者还要更小。但是无论怎样小，都做不到没有误差！

同样的，我们对于一切运动的测量，也只能得出相近的数值。第一，自然是因为要测量运动，总得测量该运动所经过的距离和花费的时间，而这距离和时间的测量就只能得到相近的数值。第二，运动本身也是变动的。

假定一列火车由一个速度变到另一个较大的速度，就是变得更快一些，它绝不能突然就由前一个速度跳到第二个速度。那么，在这两个速度当中，有多少不同的中间速度呢？是无限的！而我们的测量方法，却只容许我们计算出一个有限的数值。

我们计算时，时间单位取得越小，所得结果自然越和真实速度相近。但是无论用一秒钟做单位还是用 $\frac{1}{10}$ 秒钟做单位，在相邻两秒钟或两个 $\frac{1}{10}$ 秒钟中，总是有无限的中间速度。

能够非常确切地认识到速度原来是抽象的，而这个抽象的速度只是存在于我们的想象之中，我们能够感受，却不能从经验中得到。在我们能够测量的速度中，也许有无限的中间速度存在。既然我们已经知道所测的速度不精确，为什么又要用它？这不是在欺骗自己吗？

为了安抚我们低落的情绪以及填补这个缺陷，需要一个理论上精确的数目和一个容许计算到无限接近的相近数的理论。顺应这个需要，人们就发现了微积分。

说起来，微积分的发现是一件很有趣的事情。英国的牛顿（Newton）和德国的莱布尼茨差不多在同一时间发现了微积分，结果英国人认为微积分是给他们的恩赐，德国人也认为这是给他们的礼物，双方都自负着。

其实，关于这个原理，牛顿是从运动上研究出来的，而莱布尼茨却是从几何上出发而得来的，只不过殊途同归罢了。这个原理的发现，真是功德无量。现在数学园地中的大部分建筑都用它当坚强柱石，物理园地的飞黄腾达也全倚仗它。

这个发现到现在已经有两百多年了，它对于我们的科学思想以及科学技术有着巨大的影响。也就是说，假使微积分的原理还没有被发现，现在所谓的人类文明，就一定不会如此的辉煌。这绝对不是夸张的话！

02 计算速度的方法

朋友，你留意过吗？当你舒舒服服地坐着，因为有什么事需要走开的时候，你开始走的前几步一定比较慢，然后才渐渐地加快速度。将要到达你的目的地时，你又会慢下来。当然，这是一般的情形，赛跑就是例外。

那些运动员在赛跑的时候，即使已经到了终点，还是会拼命地跑。真要停住，总得慢跑几步，不然就得要人来搀扶，不然就只好跌倒在地上。

还是说火车吧！一列火车最初驶离站台的时候，行驶得多么缓慢平稳，后来渐渐快了起来，在长而直的轨道上奔驰❶。快要到站的时候，它又渐渐慢了下来，停止在站台边。

记好这个速度变化的情况，假使经过两个半小时，火车一共走了125千米。要问这列火车的速度是多少，你怎样回答呢？

我们看见了每一瞬间都在变化的速度，那在某条路线上的一列火车的速度，我们能说得出来吗？能全凭迟钝的测量回答吗？

再举一个例子，然后来讲明白速度的意义。在一块平滑的木板上面挖一条光滑的长槽，槽边上刻好厘米、分米和米各种刻度的数目。把一个光滑的小球放在木槽的一端，让它自己向前滚出

❶ 注意：轨道弯曲的地方，它是不能过快的。

去，看着秒表，注意这个小球经过1米、2米、3米的时间，假设正好是1秒、2秒和3秒。那么这个小球的速度是多少呢？

在这种简单的情形中，这个问题很容易回答：它的速度在3米的路上总是一样的，即每秒钟1米。在这种情形下，我们说这个速度是一个常数。而这种运动，我们称它为匀速运动。

一个人骑自行车在一条直路上行走，如果是匀速运动，那么它的速度就是常数。我们测得他8秒钟一共走了40米，这样，他的速度便是每秒钟5米。

关于匀速运动，如这里所举出的小球的运动、自行车的运动，或其他相似的运动，要计算它们的速度，比较容易。只要考察运动所经过的时间和通过的距离，用所得的时间去除所得的距离，就能够计算出来它们的速度。

再用小球来试试速度不是常数的情形。把球掷到槽上，也让它自己顺势滚出去，我们可以看出它越滚越慢，假设在5米的一端停止了，一共经过10秒钟。这种速度的变化是这样：前半段的速度比在半路的速度小，后半段的速度却渐渐减小了，到了终点便等于零。

我们来推究一下，这样的速度，是不是和等速运动一样，是一个常数呢？

我们说，它10秒钟走过5米，如果它是等速运动，那么它的速度就是每秒钟 $\frac{5}{10}$ 或 $\frac{1}{2}$ 米。但是，我们可以看出来，它不是匀速运动，所以我们说每秒钟 $\frac{1}{2}$ 米是它的平均速度。

实际上，这个小球的速度先是比每秒钟 $\frac{1}{2}$ 米大，中间有一个时间和它相等，之后又比它小了。假如另外有个球，一直都用这个平均速度运动，经过10秒钟，也会滚到5米的地方。

看过这种情形后，我们再来答复前面关于火车速度的问题："假使经过两个半小时，火车一共走了125千米，这列火车的速度是多少呢？"

因为这列火车不是匀速运动，我们只能算出它的平均速度。它两个半小时一共走了125千米，我们说，它的平均速度在那条路上是每小时 $\dfrac{125}{2.5}$ 千米，也就是每小时50千米。

我们来想象，当火车从车站开动的时候，同时有一辆汽车也开动，而且也沿着那列火车的轨道行驶，不过它的速度保持不变，一直是每小时50千米。

汽车起初在火车的前面，后来被火车追上来，最后，它们同时到达停车的站点。也就是说，它们都是两个半小时一共走了125千米，所以每小时50千米是汽车的真实速度，而是火车的平均速度。

通常，如果知道了一种运动的平均速度和它所经过的时间，我们就能够计算出它所通过的路程。那列两个半小时一共走了125千米的火车，其平均速度为每小时50千米。如果它夜间开始走，从我们的时钟上看去，共走了7个小时，我们就可计算出它大约走了350千米。

但是这个说法，实在太笼统了！只是一个总数的测量，忽略了它沿路的运动情形。那么，还有什么方法可以更好地知道那列火车的真实速度呢？

如果我们再有一次新的火车旅行，我们能够根据铁路旁边的电线杆数目算出火车行驶的距离，又能够从手表上看到火车所行走的时间。每行走1千米所要的时间，我们都记录下来，一直记录到125次，我们就可以得出125个平均速度。

这些平均速度自然全不相同，我们可以说，现在对于火车运动的认识是很清晰了。通过那些渐渐加大，又渐渐减小的125个不同的速度，在这一段行程中，火车速度变化的观念，我们基本明白了。

但是，这就够了吗？火车在每一千米中间，它是不是匀速运动呢？如果我们能够回答一个"是"字，那自然上面所得的结果就够了。

可惜，这个"是"字不好轻易就回答！我们既已知道火车全程不是匀速运动，同时却又说，它在每一千米中是匀速运动，这种运动的情形实在很难想象得出来。

两个速度不相等的匀速运动，是没法直接过渡的。所以我们不得不承认，火车在每一千米内的速度也有不少的变化。这个变化，我们有没有方法去考查出来呢？

方法自然是有的，按照前面的式样，比如说，将一千米分成一千段，假如我们又能够测出火车走每一小段的时间，那么我们就可得出它在一千米行程中的一千个不同的平均速度。这很好，对于火车速度的变化，我们所得到的观念更清晰了。

如果能够将测量做得更精密些，再将每一小段又分成若干个小段，得出它们的平均速度来。段数分得越多，我们得出来的不同的平均速度就越多，我们对于火车速度变化的观念，也越明了。

路程的段落越分越小，时间的间隔就越来越近，所得的结果也就越精密。然而，无论怎样，所得出来的总是平均速度。而且，这种分段求平均速度的方法，实际要动起手来，那就有个限度了。

如果想求物体转动或落下的速度，如行星运转的速度，我们必须取出些距离，如果其速度不是一个常数，就尽可能地取最小的，而注意它在各距离中经过的时间，因此得到一些平均速度。这一点必须注意，所得到的只是一些平均速度。

归根结底，我们所有的科学试验或日常经验，都由一种连续而有规律的形式，给我们一个有变化的运动的观念。我们不能够明明白白地辨认出比较大的速度或比较小的速度当中任何速度的变化。虽是这样，我们可以想象在任意两个相邻的速度中间，总有无数个中间速度存在着。

为了测量速度，我们把空间分割成一些有规则的小部分，而在每一小部分中，注意它所经过的时间，求出相应的"平均速度"，这是上面已说过的方法。

空间的段落越小，得出来的平均速度越接近，也就越接近真实速度。但是无论怎样，总不能完全达到真实的境界，因为我们的这种想法总是不连续的，而运动却是一个连续的量。

我们用了计算"无限小"的方法所推证得的结果来调和论据和试验的差别，这是非常困难的，但是这种困难在很久以前就很清楚了，就如大家都知道的芝诺（Zeno of Elea）和他著名的芝诺悖论（Zeno's paradox）。

所谓"飞矢不动"，就是一个很好的例子。既然说那矢是飞的，怎么又说它不动呢？《庄子》中讲到公孙龙那班人的辩术，就引"镞矢之疾也，而有不行不止之时"这一条。不行不止，是

❶ 除了冲击和突然静止，这些很难让人分析出它们的运动情形。

怎样一回事呢？这比芝诺的话更玄妙了。

以我们的理性去判断，这自然只是种诡辩，但是要找出芝诺论证的错误，而将它推翻，却也不容易。芝诺利用这个矛盾的推论来否定运动的可能性，他却没有怀疑他的推论方法究竟有没有错误。这给了我们一个机会，让我们去寻找新的推论方法，并且把一些新的概念弄得更精准。

关于"飞矢不动"这个悖论，可以这样说：

飞矢是不动的。因为在它行程上的每一刹那，它总占据着某一个固定的位置。所谓占据着一个固定的位置，那就是静止。但是一个一个的静止连接在一起，无论有多少个，它都只有一个静止的状态。所以说飞矢是不动的。

这里要注意这一点，芝诺的推论法，是把时间细细地分成了极小的间隔，使得反对派中的一些人推想到，这个悖论的奥妙就藏在运动的连续性里面。

运动是连续的，我们从上例中已经明白了。但是，这个运动的连续性，芝诺在他无限地细分时间间隔的时候，却将它忽略了。

从前，希腊人对连续性的理解，是靠直觉的。我们现在讲的却是由推论得来的连续性。对于解答"飞矢不动"这个悖论，显而易见，它是必要条件，但是并不充分。我们必须要精密地确定"极限"的意义，计算"无限小"的时候，就要使用到它。

依照前面的说法，似乎我们对于从前的希腊哲人，如芝诺之辈，有些失敬了。然而，我们可以看出来，他们的悖论虽然不合乎真理，但是他们已经认识到直觉和推理中的矛盾了！那么，怎样才能弥补这个缺憾呢？

找出一个实用的方法来，确保测量的精密性，使所得的结果更接近于真实数据，是不是就可以解决这样的问题了呢？

这本来只是关于机械方面的事，但是以后我们就可以看出来，将来实际所得的结果即使可以超越现在的结果，根本的问题却还是解答不出来。无论研究方法多么完善，总是要和一串不连续的数连在一起，所以不能表示连续的变化。

真实的解答是要发明一种在理论上有可能性的计算方法，来表示一个连续的运动，能够在我们的理性上面，和我们的精神所要求的一样，严密地讲明这个连续性。

03 追赶问题的计算

"如果你有了一张图,坐在屋里,看看表,又看看图,随时就可知道你出了门的弟弟离开你已有多远。这次我就来讲关于走路这一类的问题。"今天老师这样开场讲了。

例一:赵阿毛上午8时由家中出发去城里,每小时走3里。上午11时,他的儿子赵小毛发现爸爸忘了带东西,于是拿着东西从后面追去。他每小时走5里,什么时候可以追上爸爸呢?

这题只需用作基础便可得出来。如图1用横线表示路程,每一小段1里;用纵线表示时间,每两小段1小时。纵横线用作单位1的长度,无妨各异,只要表示得明白。

因为赵阿毛是上午8时从家中出发的,所以时间就用上午8时作为起点,赵阿毛每小时走3里,他走的行程和时间是"定倍数"的关系,画出来就是AB线。

赵小毛是上午11时出发的,他走的行程和时间对于交在C点的纵横线来说,也是"定倍数"的关系,画出来就是直线CD。

AB和CD交于E,就是赵阿毛和赵小毛父子俩在此相遇了。从E点横看,是下午3时半,这就是答案。

"你们仔细看这个,比上次的有趣味。"趣味!今天老师从走进课堂直到现在,都是板着面孔的。听到这两个字,知道他将

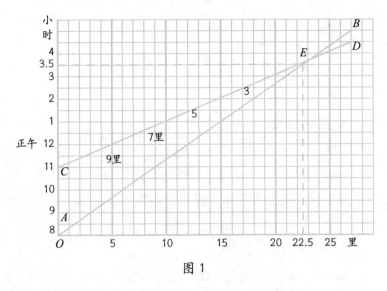

图 1

要说什么趣话了，精神不禁为之一振。

但是仔细看一看图，依然和上次的各个例题一样，只有两条直线和一个交点，真不知道其中的趣味到底在哪里。大家大概也没有看出什么特别的趣味，所以整个课堂上，只有静默。打破这静默的，自然只有老师："看不出来吗？不是真正的趣味'横'生吗？"

"横"字说得特别响，同时右手拿着粉笔朝着黑板上的图横着一画。虽是这样，但我们还是猜不透这个谜。

"大家横着看！看两条直线间的距离！"经老师这么一提示，果然，大家都看那两条线间的距离。

"看出了什么？"老师静了一下问。

"越来越短，最后变成了零。"周学敏回答。

"不错！但是这表示什么意思呢？"

"两人越走越近，到后来便碰在一起了。"王有道回答。

"对的，那么，赵小毛出发的时候，两人相隔几里？"

"9里。"

"走了1小时呢？"

"7里。"

"再走1小时呢？"

"5里。"

"每走1小时，赵小毛赶上赵阿毛几里？"

"2里！"这几次差不多都是齐声回答，课堂里显得格外热闹。

"这2里是从哪里来的呢？"

"赵小毛每小时走5里，赵阿毛每小时只走3里，5里减去3里，便是2里。"王有道抢着回答。

"好！两人先隔开9里，赵小毛每小时能够追上2里，那么几小时可以追上呢？用什么算法计算呢？"老师这次向着我问。

"用2去除9得4.5。"我答。

老师又问："最初相隔的9里怎样来的呢？"

"赵阿毛每小时走3里，上午8时出发，走到上午11时，一共走了3小时，三三得九。"另一个同学这么回答。

在这以后，老师就写出了下面的算式：

$3 \times 3 \div (5-3) = 9 \div 2 = 4.5$ 是赵小毛走的时间

$11 + 4.5 - 12 = 3.5$ 即下午3时30分

"从这次起，公式不写了，让你们去如法炮制吧。从图上还可以看出来，赵阿毛和赵小毛相遇的地方，距家22.5里。如果将 AE、CE 延长，两线间的距离又越来越长，但是 AE 翻到了 CE 的上面。这就表示，如果他们父子相遇后，仍继续各自前进，赵小毛便走在了赵阿毛前面，而且越离越远。"

试将这个题改成"甲每时行3里，乙每时行5里，甲出发后3小时，乙去追他，几时能追上？"这就更一般了，画出图来，当然和前面的一样。不过表示时间的数字需换成0，1，2，3，……

例二：甲每小时行3里，出发后3小时，乙去追他，4.5小时追上，乙每小时行几里？

对于这个题，表示甲走的行程和时间的线，自然谁都会画出图2了。对于表示乙走的行程和时间的线，经过了老师的指示，以及共同的讨论，大家知道：乙是在甲出发后3小时才出发，从而得C点。

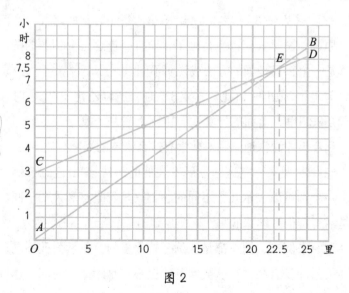

图 2

又因为乙追了4.5小时赶上甲，这时甲正走到E，而得E点，连结CE，就得所求的线。再看每过1小时，横线对应增加5，所以知道乙每小时行5里。这真是老师说的趣味横生了。

不但如此，图上明明白白地指示出来：甲7.5小时走的路程是22.5里，乙4.5小时走的也是这么多，所以这很容易使我们想出了这题的算法。

$3 \times (3+4.5) \div 4.5 = 22.5 \div 4.5 = 5$ 是乙每小时走的路程。

但是老师的主要目的不在讨论这题的算法上，当我们得到了答案和算法后，他又写出下面的例题。

例三：甲每小时行3里，出发后3小时，乙去追他，追到22.5里的地方追上，求乙的速度。

跟着例二来解这个问题，真是十分轻松，不必费心思索，就知道应当这样算：

$22.5 \div (7.5-3) = 22.5 \div 4.5 = 5$ 是乙每小时走的路程。

原来，图是大家都懂得画了，而且一连这三个例题的图，简直就是一个，只是画的方法或说明不同。

甲走了7.5小时，比乙多走3小时，所以乙走了4.5小时，而路程是22.5里，上面的计算法，由图上看来，真是"了如指掌"呵！我今天才深深地感到对数学有这么浓厚的兴趣！

老师在大家算完这题以后发表他的想法："由这三个例子来看，一个图可以表示几个不同的题，只是着眼点和说明不同。这不是活鲜鲜很有趣味的吗？"

"原来例二、例三都是从例一转化来的，虽然面孔不同，根源的关系却没有两样。这类问题的核心只是距离、时间、速度的关系，你们当然已经明白：速度×时间=距离。"

"由此演化出来，便得：速度=距离÷时间，时间=距离÷速度。"

我们说："赵阿毛的儿子是赵小毛，老婆是赵大嫂子。赵大嫂子的老公是赵阿毛，儿子是赵小毛。赵小毛的妈妈是赵大嫂子，爸爸是赵阿毛。"

这三句话，表面上看起来自然不一样，立足点也不同，从文学上说，所给我们的意味、语感也不同，但是表达的根本关系却只有一个，画个图便是：

按照这种情形，将例一先分析一下，我们可以得出下面各元素以及元素间的关系：

①甲每小时行3里。

②甲先走3小时。

③甲共走7.5小时。

④甲、乙都走了22.5里。

⑤乙每小时行5里。

⑥乙共走4.5小时。

⑦甲每小时所行的里数（速度）乘以所走的时间，得甲走的距离。

⑧乙每小时所行的里数（速度）乘以所走的时间，得乙走的距离。

⑨ 甲、乙所走的总距离相等。

⑩ 甲、乙每小时所行的里数相差为2。

⑪ 甲、乙所走的小时数相差为3。

①到⑥是这题所含的六个元素。一般地说，只要知道其中三个，便可将其余的三个求出来。

例一：知道的是①⑤②，而求得⑥，但是由②⑥便可得③，由⑤⑥就可得④。

例二：知道的是①②⑥，而求得⑤，由②⑥当然可得③，由⑥⑤便得④。

例三：知道的是①②④，而求得⑤，由①④可得③，由⑤④可得⑥。

不过也有例外，如①③④，因为④可以由①③得出来，所以不能成为一个题。②③⑥只有时间，而且由②③就可得⑥，也不能成题。再看④⑤⑥，由④⑤可得⑥，一样不能成题。

从六个元素中取出三个来做题目，照理可成二十个。除了上面所说的不能成题的三个，以及前面已举出的三个，还有十四个。这十四个的算法，当然很容易推知，画出图来和前三例子完全一样。为了便于比较、研究，逐一写在后面。

例四：甲每小时行3里，走了3小时乙才出发，他共走了7.5小时被乙赶上，求乙的速度。

$3 \times 7.5 \div (7.5-3) = 5$

例五：甲每小时行3里，先出发，乙每小时行5里，从后追他，只知甲共走了7.5小时，被乙追上，求甲先出发几小时。

$7.5 - 3 \times 7.5 \div 5 = 3$

例六：甲每小时行3里，先出发，乙从后面追他，4.5小时追上，而甲共走了7.5小时，求乙的速度。

$3×7.5÷4.5=5$

例七：甲每小时行3里，先出发，乙每小时行5里，从后面追他，走了22.5里追上，求甲先走的时间。

$22.5÷3-22.5÷5=7.5-4.5=3$

例八：甲每小时行3里，先出发，乙追4.5小时，共走22.5里追上，求甲先走的时间。

$22.5÷3-4.5=7.5-4.5=3$

例九：甲每小时行3里，先出发，乙从后面追他，每小时行5里，4.5小时追上，甲共走了几小时？

$5×4.5÷3=22.5÷3=7.5$

例十：甲先走3小时，乙从后面追他，在距出发地22.5里的地方追上，而甲共走了7.5小时，求乙的速度。

$22.5÷（7.5-3）=22.5÷4.5=5$

例十一：甲先走3小时，乙从后面追他，每小时行5里，到甲共走7.5小时时追上，求甲的速度。

$5×（7.5-3）÷7.5=22.5÷7.5=3$

例十二：乙每小时行5里，在甲走了3小时的时候出发追甲，乙共走22.5里追上，求甲的速度。

$22.5÷（22.5÷5+3）=22.5÷7.5=3$

例十三：甲先出发3小时，乙用4.5小时，走22.5里路，追上甲，求甲的速度。

$22.5÷（3+4.5）=22.5÷7.5=3$

例十四：甲先出发3小时，乙每小时行5里，从后面追他，走4.5小时追上，求甲的速度。

$5 \times 4.5 \div (3+4.5) = 22.5 \div 7.5 = 3$

例十五：甲7.5小时走22.5里，乙每小时行5里，在甲出发若干小时后出发，正追上甲，求甲先走的时间。

$7.5 - 22.5 \div 5 = 7.5 - 4.5 = 3$

例十六：甲出发后若干时，乙出发追甲，甲共走7.5小时，乙共走4.5小时，所走的距离为22.5里，求各人的速度。

$22.5 \div 7.5 = 3$ 是甲的速度。

$22.5 \div 4.5 = 5$ 是乙的速度。

例十七：乙每小时行5里，在甲出发若干时后追他，到追上时，甲共走了7.5小时，乙只走了4.5小时，求甲的速度。

$5 \times 4.5 \div 7.5 = 22.5 \div 7.5 = 3$

将这些题目对照图来看，比较它们的算法，可以知道：将一个题中的已知元素和所求元素对调而组成一个新题，这两题的计算法的更改，有一定法则。大体说来，就是新题的算法，对于被调的元素来说，正是原题算法的还原，加减互变，乘除也互变。

前面每一题都只求一个元素，如果将各未知的三元素都看作一题，实际就成了四十八个。还有，甲每时行3里，先走3小时，就是先走9里，这也可用来代替第二个元素，而和其他二元素组成若干题。这样推究多么灵活有趣！而且对于研究学问实在是一种很好的训练。

本来无论什么题，都可以下这么一番功夫探究的，但是前几次的例子比较简单，变化也就少一些，所以不曾说到。而举一反三，正好是一个练习的机会，所以以后也不再这么不怕麻烦地讲了。

把题目这样推究，学会了一个题的计算法，便可领悟到许多关系相同、形式各样的题的算法，实际不只"举一反三"，简直是"闻一以知十"，这使我觉得无比快乐！我现在才感到数学不是枯燥的。

老师花费许多精力，教给我们探索题目的方法，时间已过去不少，但是他还不辞辛苦地继续讲下去。

例十八：甲、乙两人在东西相隔14里的两地，同时相向出发，甲每小时行2里，乙每小时行1.5里，两人几时在途中相遇呢？

如图3所示，这差不多算是我们自己做出来的，老师只告诉了我们应当注意两点：第一，甲和乙走的方向相反，所以甲从 C 向 D，乙就从 A 向 B，AC 相隔14里；第二，因为题上所给的数都不大，图上的单位应取大一些，都用两小段当一，图才好看，做数学也需兼顾好看！

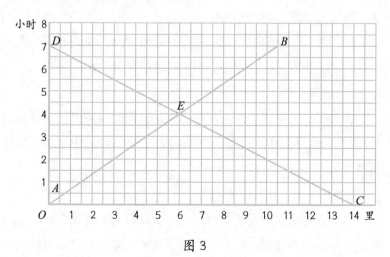

图3

由 E 点横看得4，自然就是4小时后两人在途中相遇了。

"趣味横生"，横向看去，甲、乙两人每走1小时将近3.5里，就是甲、乙速度的和，所以算法也就得出来了：

$14 \div (2+1.5) = 14 \div 3.5 = 4$

这算法，没有一个人做不对，数学真是人人都能领会的啊！老师高兴地提出下面的问题，要我们回答算法，当然，这更不是什么难事！

① 两人相遇的地方，距东西两地各几里？

$2 \times 4 = 8$ 是距东地的距离。

$1.5 \times 4 = 6$ 是距西地的距离。

② 甲到了西地，乙还距东地几里？

$14 - 1.5 \times (14 \div 2) = 14 - 10.5 = 3.5$

下面的推究，是我和王有道、周学敏依照老师的前例做的。

例十九：甲、乙两人在东西相隔14里的两地，同时相向出发，甲每小时行2里，走了4小时，两人在途中相遇，求乙的速度。

$(14 - 2 \times 4) \div 4 = 6 \div 4 = 1.5$

例二十：甲、乙两人在东西相隔14里的两地，同时相向出发，乙每小时行1.5里，走了4小时，两人在途中相遇，求甲的速度。

$(14 - 1.5 \times 4) \div 4 = 8 \div 4 = 2$

例二十一：甲、乙两人在东西两地，同时相向出发，甲每小时行2里，乙每小时行1.5里，走了4小时，两人在途中相遇，两地相隔几里？

$(2 + 1.5) \times 4 = 3.5 \times 4 = 14$

这个例题所含的元素只有四个，所以只能组成四个形式不同的题，自然比老师所讲的前一个例子简单得多。不过，我们能够这样穷追不舍，心中确实感到无比愉快！

下面又是老师给的例子。

例二十二：从宋庄到毛镇有20里，何畏4小时走到，苏绍武5

小时走到，两人同时从宋庄出发，走了3.5小时，相隔几里？走了多长时间后，相隔3里？

老师说这个题目要点，在于正确指明解法所在。他将表示甲和乙所走行程、时间关系的线画出以后，问道：

"走了3.5小时，相隔的里数，怎样表示出来？"

"从3.5小时的那一点画条横线和两直线相交于FH，FH间的距离，3.5里，就是所求的。"

"那么，几时相隔3里呢？"

由图4上可以很清晰地看出来：走了3小时，就相隔3里。但是怎样由画法求出来，却使我们呆住了。

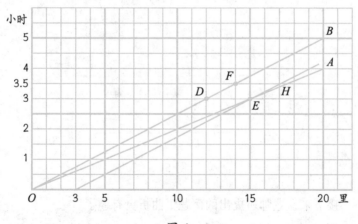

图 4

老师见没人回答，便说："你们难道没有留意过斜方形吗？"随即在黑板上画了一个ABCD斜方形，接着说：

"你们看图5，AD、BC是平行的，而AB、DC以及AD、BC间的横线都是平行的，不但平行而且还一样长。应用这个道理，（图4）从距O点3里的一点，画一条线和OB平行，它与OA交于

E。在*E*这点两线间的距离正好指示3里，而横向看去，就是3小时，这便是答案。"

至于这题的算法，不用说，很简单，老师大概因此不曾提起，我补在下面：

（20÷4−20÷5）×3.5＝3.5 即走了3.5小时相隔距离

3÷（20÷4−20÷5）＝3 即相隔3所需走的时间

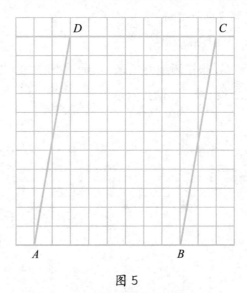

图 5

接下来，老师所提出的例题更曲折更有趣了。

例二十三：甲每10分钟走1里，乙每10分钟走1.5里。甲出发50分钟时，乙从甲出发的地点出发去追甲。乙走到6里的地方，想起忘带东西了，马上回到出发处寻找。花费50分钟找到了东西，加快了速度，每10分钟走2里去追甲。如果甲在乙出发转回时，休息过30分钟，乙在什么地方追上甲？

"先来讨论表示乙所走的行程和时间的线的画法。"老师说，如图6所示，"这有五点：第一，出发的时间比甲迟50分钟；第二，出发后每10分钟行1.5里；第三，走到6里便回头，速度没有变；第四，在出发地停了50分钟才第二次出发；第五，第二次的速度为每10分钟行2里。"

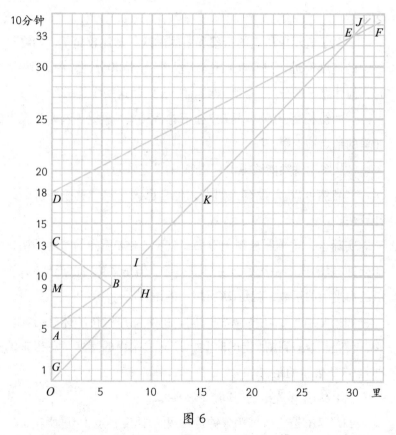

图 6

"依第一点，就时间说，应从50分钟的地方画起，因而得点A。从A起依照第二点，每一单位时间10分钟1.5里的定倍数，画直线到6里的地方，依第三点得AB。"

"依第三点，从B折回，照同样的定倍数画线，正好到130分钟的C，得BC。"

"依照第四点，虽然时间一分一分地过去，乙却没有离开一步，即50分钟都停着不动，所以得CD。"

"依第五点，从D起，每单位时间以2里的定倍数，画直线DF。"

"至于表示甲所走的行程和时间的线，却比较简单，始终是一定的速度前进，只有在乙达到6里B，正是90分钟，甲达到9里时，他休息了30分钟，然后继续前进，因而这条线是GH、IJ。"

"两线相交于E点，从E点往下看得30里，就是乙在距出发点30里的地点追上甲。"

"从图上观察能够得出算法来吗？"老师问。

"当然可以。"没有人回答，他自己说，接着就按照讲题的计算法。

实际上，这个题从图上看去，就和乙在D所指的时间，用每10分钟2里的速度，从后面去追甲一样。但是甲这时已走到K，所以乙需追上的里数，就是DK所指示的距离。

如果知道了GD所表示的时间，那么除掉甲在HI休息的30分钟，便是甲从G到K所走的时间，用它去乘甲的速度，得出来的即是DK所表示的距离。

图上GA是甲先走的时间，50分钟。

AM、MC是乙以每10分钟行1.5里的速度，走了6里所花费的时间，所以是（$6 \div 1.5$）个10分钟。

CD是乙寻找东西花费的时间，50分钟。

因此，GD所表示的时间，也就是乙第二次出发追甲时，甲已经在路上花费的时间，应当是：

$GD = CA + AM \times 2 + CD = 50 + 10 \times (6 \div 1.5) \times 2 + 50 = 180$ 分钟

但是甲在这段时间内，休息过30分钟，所以，在路上走的时间只是：

$180 - 30 = 150$ 分钟

而甲的速度是每10分钟1里，因而，DK所表示的距离是：

$1 \times (150 \div 10) = 15$ 里

乙追上甲从第二次出发所用的时间是：

$15 \div (2 - 1) = 15$ 分钟

乙所走的距离是：

$2 \times 15 = 30$ 里

这题真是曲折，要不是有图对照，我是很难听懂的。

老师说："我再用一个例题来作为这一课的收场，你们看看怎么样呢？"

例二十四：甲、乙两地相隔10 000米，每隔5分钟同时对开一部电车，电车的速度为每分钟500米。冯立人从甲地乘电车到乙地，在电车中和对面开来的车两次相遇，中间隔几分钟？又开车至乙地之间，和对面开来的车相遇几次？

题目写出后，老师和我们作下面的问答。

"两地相隔10 000米，电车每分钟行500米，几分钟可走一趟？"

"20分钟！"

"如果冯立人所乘的电车是对面刚开到的，那么这部车是几时从乙地开过来的？"

"前20分钟。"

"这部车从乙地开出，再回到乙地共需多长时间？"

"40分钟。"

"乙地每5分钟开来一部电车，40分钟共开来几部？"

"8部。"

自然经过这样一番讨论，老师将图画了出来，还有什么难懂的呢？

从图7上一眼就可看出，冯立人在电车中，和对面开来的电车相遇2次，中间相隔的是2.5分钟。而从开车到乙地，中间和对面开来的车相遇7次。

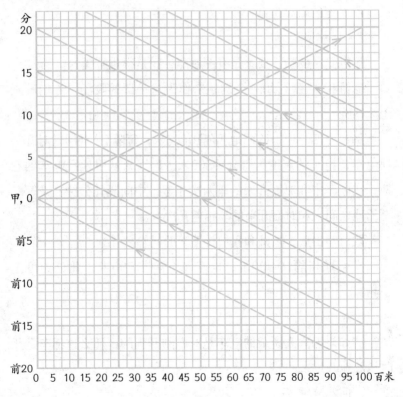

图 7

算法是这样：

10 000÷500＝20分钟——走一趟的时间

20×2＝40分钟——来回一趟的时间

40÷5＝8辆——一部车来回一趟，中间乙所开的车数

20÷8＝2.5分钟——和对面开来的车相遇两次，中间相隔的时间

8-1＝7次——和对面开来的车相遇的次数

"这课到此为止，但是我还得拖个尾巴，留个题目给你们自己去做。"说完，老师写出下面的题目，匆匆退出课堂，他额头上的汗珠已滚到脸颊上了。

今天足足在课堂上坐了两个半小时，回到寝室后，我觉得很疲倦，但是对于老师出的题，还想继续探究一番，于是决心独自试做。

总算"有志者事竟成"，费了20分钟，居然成功了。但愿经过这次暑假，对于数学能够找到得心应手的方法！

例二十五：甲、乙两地相隔3里，电车每小时行进18里，从上午的5时起，每15分钟，两地各开车一部。阿土上午5：01从甲地的电车站，顺着电车轨道步行，于6：05到达乙地的车站。阿土在路上碰到了往来的电车共有几次呢？第一次是在什么时间和什么地点？

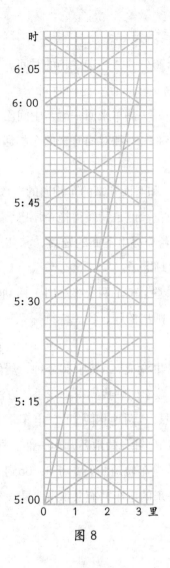

图 8

答案：

从图8可以看出，阿土共碰到往来电车8次。

第一次约在上午5：09。

第一次离甲地3.6里。

04 根据车速算路程

这是一位同学在课堂上提出的问题。老师对于我们提出这样的问题，好像非常诧异。

老师说："这不过是行程的问题，只需注意一个要点就行了。从前学校开运动会的时候，有一种运动，叫作障碍物竞走，比现在的跨栏要难得多，除了跨一两次栏杆，还有撑竿跳高、跳远、钻圈、钻桶等。

"钻桶，便是全部通过。桶的大小只能容一个人直着身子爬过，桶的长短却比一个人长一点。我且问你们，一个人，从他的头进桶口起，到全身爬出桶止，他爬过的距离是多少？"

"桶长加身长。"周学敏回答。

"好！"老师斩钉截铁地说，"这就是'全部通过'这类题的要点。"

例一：长60丈的火车，每秒行驶66丈，经过长402丈的桥，自车头进桥，到车尾出桥，需要多长时间？

老师将题写出后，便一边画图9，一边讲："用横线表示距离，AB是桥长，BC是车长，AC就是全部通过需要走的路程。用纵线表示时间。依照1和66'定倍数'的关系画AD，从D横看过去，得7，就是要走7秒钟。"

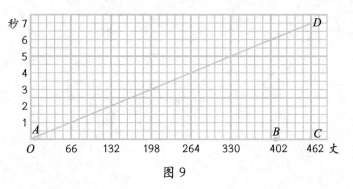

图 9

我且将算法补在这里：

$$(402 + 60) \div 66 = 7$$

$$\begin{array}{cccc} \vdots & \vdots & \vdots & \vdots \\ AB & BC & \vdots & \vdots \\ \vdots & \vdots & \vdots & \vdots \\ 桥长 & 车长 & 速度 & 时间 \end{array}$$

例二：长 40 尺的列车，全部通过 200 尺的桥，耗时 4 秒，列车的速度是多少？

将前一个例题做蓝本，这只是知道距离和时间，求速度的问题。它的算法，我也明白了：

$$(200 + 40) \div 4 = 60$$

$$\begin{array}{cccc} \vdots & \vdots & \vdots & \vdots \\ AB & BC & \vdots & \vdots \\ \vdots & \vdots & \vdots & \vdots \\ 桥长 & 车长 & 时间 & 每秒的速度 \end{array}$$

画图10的方法，第一、二步全是相同的，不过第三步是连 AD 得交点 E，由 E 竖看下来，得60尺，便是列车每秒的速度。

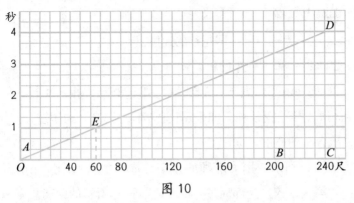

图 10

例三：有人见一列车驶入240公尺长的山洞，车头入洞后8秒，车身全部入内，共要20秒钟，车完全出洞，求车的速度和车长。

这题，最初我也想不通，但一经老师提示，便恍然大悟了：列车全部入洞要8秒钟，不用说，从车头出洞到全部出洞也是要8秒钟了。

明白了这一个关键，画图11真是易如反掌啊！先以AB表示洞长，20秒钟减去8秒，正是12秒，这就是车头从入洞到出洞所经过的时间，因得D点，连AD，就是列车的行进线。引长到20秒钟那点得E。由此可知，列车每秒钟行20米，车长BC是160米。

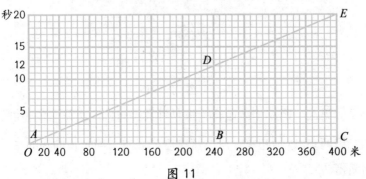

图 11

算法是这样：

$240 \div (20-8) = 20$ 即每秒的速度。

$20 \times 8 = 160$ 即列车的长。

例四：A、B两列车，A长92尺，B长84尺，相向而行，从相遇到相离，经过2秒钟。如果B车追A车，从追上到超过，经8秒钟，求各车的速度。

如图12所示，因为老师的指定，周学敏将这个问题解释如下："第一，依'全部通过'的要点，两车所行的距离总是两车长的和，因而得OL和OM。

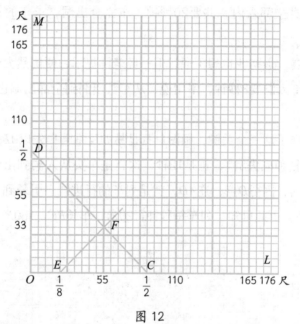

图 12

"第二，两车相向而行，每秒钟共经过的距离是它们速度的和。因两车2秒钟相离，所以这速度的和等于两车长的和的 $\frac{1}{2}$，因而得CD，表'和一定'的线。

"第三，两车同向相追，每秒钟所追上的距离是它们速度的差。因8秒钟超过，所以这速度的差等于两车长的和的 $\frac{1}{8}$，因而得 EF，表'差一定'的线。

"从 F 竖看得55尺，是 B 每秒钟的速度；横看得33尺，是 A 每秒钟的速度。"

经过这样的说明，算法自然容易明白了：

$$[(92+84)\div 2+(92+84)\div 8]\div 2=55$$

距离

速度和　　　　速度差　　　B 每秒的速度

$$[(92+84)\div 2-(92+84)\div 8]\div 2=33$$

A 每秒的速度

05 函数与变数的问题

科学上使用的名词，都有它严格意义上的定义，但是太乏味了。什么叫函数？我们姑且先来举个不大合适的例子。

我想先把"数"字的意思放宽一些。我可以告诉你，在社会中，"女子就是男子的函数"。但是你不要误会，以为我是在说女子应当是男子的奴隶。我想说的只是女子的地位是随着男子的地位而变化的。

写到这里，忽然笔锋一转，记起一段戏文上的笑话。有一个穷书生，娶了一个有钱人家女儿做老婆，因此，平日就以怕老婆而出名。后来，他运道亨通了，进京赶考，居然金榜及第。

他身上披起了蓝衫，由许多人侍候着回到家里，一心以为这回可以向他的老婆炫耀了。哪知道老婆见了他，仍然是神气活现的样子。

他觉得有些奇怪，于是问："从前我穷，你向我摆架子，现在我做了官，为什么你还要摆架子呢？"

老婆的回答很妙："亏得你是一个读书人，还做了官，'水涨船高'你都不知道吗？"

你懂得"水涨船高"吗？船的高低，是随着水的涨落而变化的。用数学上的话来说，船的位置就是水的涨落的函数。

真要明白函数的意思，我们还是来举一个例子吧！请在离你的嘴一米远的地方放一支点燃的蜡烛，如果你向着火焰吹一口气，就会使火焰歪开、闪动，甚至熄灭。如果熄灭了也不要紧，重新点燃就好了。

　　请你将那支蜡烛放到离你的嘴三米远的地方，你照样再向那火焰吹一口气，它虽然也会歪开、闪动，却没有前一次厉害了。你不要怕麻烦，这是科学上所谓试验的态度。

　　你向着蜡烛走近，又退远，吹那火焰，看它歪开和闪动的情形。你可以毫不费力地证实距离火焰越远，它歪开得越少。我们就说，火焰歪开的程度是蜡烛和嘴距离的函数。

　　我们还能够决定这个函数的性质，我们称这种函数是递减函数。当蜡烛和嘴的距离渐渐加大的时候，火焰歪开的程度却逐渐减小。

　　现在，将蜡烛放在固定的位置，你也站好不要再走动，这样蜡烛和嘴的距离便是固定的了。你再来吹火焰，随着你吹气的强度大些或小些，火焰歪开的程度也就大些或小些。这样看来，火焰歪开的程度，也是吹气强度的函数。

　　不过，这个函数又是另外一种，性质和前面有点不同，我们称它是递增函数。当吹气的强度渐渐加大的时候，火焰歪开的程度也逐渐加大。

　　所以，一种现象可以不只是一种情景的函数，即火焰歪开的程度是吹气强度的递增函数，又是蜡烛和嘴距离的递减函数。

　　在这里，有几点应当同时注意到：第一，火焰会歪开，是因为你在吹它；第二，歪开的程度有大小，是因为蜡烛和嘴的距离有远近，以及你吹气的强度有大小。

如果你不去吹，它自然不会歪开。即使你去吹，蜡烛和嘴的距离，以及你吹气的强弱，每次都是一样，那么，它歪开的程度也没有什么变化。

所以函数是随着别的数而变化的，前提是别的数先发生变化。这种自己变的数，我们称它为自变量。火焰歪开的程度，我们说它是依靠着两个自变量的一个函数。

比如，在日常生活中，你用一把锤子去敲钉子，那么锤子施加到钉子上的力量，就是锤子的重量和它敲下去的速度这两个自变量的递增函数。

又如，火炉喷出的热力，就是炉孔面积的函数。因为炉孔加大，火炉喷出的热力就会渐渐减弱。只要你肯留意，类似的例子随处可见。

你会感到奇怪了吧？数学是一门多么精密、深奥的学科，从这种日常生活中的事件，凭借一点简单的推理，怎么就能够联系到函数的概念上呢？由我们常识解说又如何发现函数的意义呢？我们再来讲一个比较精密的例子。

我们用一个可以测定的变量的函数来做例，就可以发现它的数学意义。在锅里热一锅水，放一支温度计在水里面，你注意观察温度计的水银柱变化。

你守在锅边，将看到水银柱的高度是一直在变动的，经过的时间越长，它上升得越高。水银柱的高度就是水温的函数。这就是说，水银柱的高度是随着水温而变化的。

所以，如果测得了所供给的热量，又测得了水量，你就能够通过一定的函数关系计算出水银柱的高度。

对于同量的水增加热量，或是同量的热减少水量，这时水银柱一定会上升得高些，这个高度我们是有办法算出的。

由此可见，无论自变量也好，函数值也好，它们的值都是不断变动的。以后我们讲到的变量中，特别指出一个或几个来，叫作独立变量。其余的叫因变量，或是这些变量的函数。

对于自变量的每一个数值，它的函数都有一个相应的数值。如果我们知道了自变量的数值，就可以决定它的函数的相应数值时，我们就称这个函数为已知函数。

例如前面的例子，如果我们知道了物理学上供给热量对水所起的变化的法则，那么，水银柱的高度就是一个已知函数。

我们再来举一个非常简单的例子，还是回到匀速运动上去。有一个小孩子，每分钟可以爬5米远，他所爬的距离就是所爬时间的函数。假如他爬的时间用t来表示，那么他爬的距离便是t的函数。在初等代数上，你已经知道这个距离和时间的关系，可以用下面的式子来表示：

$$d=5t$$

如果仿照函数的表示法写出来，因为d是t的函数，所以又可以用$F(t)$来代表d，那就写成：

$$F(t)=5t$$

从这个式子中，我们如果知道了t的数值，它的函数$F(t)$的相应数值也就可以计算出来了。

比如，这个在地上爬的小孩子是你弟弟，他是从你家大门口一直爬出去的，恰好你家对面三十多米的地方有一条小河。

你坐在家里，一个朋友从外面跑来说看见你的弟弟正在向小河的方向爬去。他从看见你的弟弟到和你说话正好3分钟。那么，你一点都不用慌张，因为你的弟弟一定还不会掉到河里。

因为你已经知道了 t 的数值是3，那么 $F(t)$ 相应的数值便是 $5 \times 3 = 15$ 米，距那离你家三十多米远的河还远着呢！

以下要讲到的函数，我们在这里来说明而且规定它的一个重要性质，叫作函数的连续性。

在上面所举的例子中，函数值都受到自变量连续变化的影响，随之从一个数值变到另一个数值，也是连续的。

在两端的数值当中，它经过了那里面的所有中间数值。比如，水的温度连续地升高，水银柱的高也连续地从最初的高度，经过所有中间的高度，达到最后的高度。

你试取两桶温度相差不多的水，例如，甲桶的水温是30℃，乙桶的水温是32℃，各放一支温度计在里面，水银柱的高前者是15厘米，后者是16厘米。

这是很容易看出来的，对于2℃温度的差（这是自变量），相应的水银柱的高（函数值）的差是1厘米。假如你将乙桶的水温降到31.6℃，那么，这支温度计的水银柱的高是15.8厘米，而水银柱的高度差就变成0.8厘米了。

显然，乙桶水温从32℃降到31.6℃，中间所有温度差，相应两支温度计的水银柱的高度差，是在1厘米和0.8厘米之间。

可以反过来说，我们能够得到两支温度计水银柱高的差（比如是0.4厘米）对应的某个固定温度的差（0.8℃）。但是，如果无论我们怎样弄，永远不能使那两桶水的温差小于0.8℃，那么两支温度计的水银柱的高度差也就永远不会小于0.4厘米了。

最后，如果两桶水温度相等，那么水银柱的高也一样。假设温度是31℃，相应水银柱高便是15.5厘米。我们必须要把甲桶水加热到31℃，而把乙桶水冷却到31℃，这时两支温度计水银柱一个是上升，一个却是下降，结果都到15.5厘米的高度。

推及到一般的情形中，当考察一个连续函数的时候，我们就可以证实：当自变量接近或"伸张"到一个定值的时候，那函数值也"伸张"。经过一些中间值，"达到"一个相应的值，而且总是达到这个相同的值。

不但这样，它要达到这个值，那变数也就必须达到它相应的值。并且，当自变量保持一定值时，函数值也相应地保持一定。这个说法，就是连续函数精确的数学定义。由物理学的研究，我们证明了这个定义对于物理的函数是正相符合的。

尤其是运动，它表明了连续函数的性质：运动所经过的空间是关于时间的函数，只有冲击和反击现象是例外。再说回去，我们由实测不能得到运动的连续，直觉却有力量使我们感受到它。多么光荣呀，我们的直觉能结出这般丰硕的果实！

06 诱导函数的变数

现在还是来说关于运动的现象。有一条大路或是一条小槽，在那条路上有一个轮子正在转动着，或是在这条小槽里有一个小球正在滚动着。

如果我们想找出它们运动的法则，并且要计算出它们在行进中的速度，有没有比前面还要精密的方法呢？

现在用一条线表示路径，用一些点来表示在这条路上运动的物体。这么一来，我们所要研究的问题，就变成了一个点在一条线上的运动法则和这个点在行进中的速度。

索性更简单一些，就用一条直线来表示路径：这条直线从 O 点起，无限地向着箭头所指示的方向延伸出去。

在这条直线上，按照同一方向，有一点 P 连续地运动着，它运动的起点也就是 O，如图13所示。对于这个不停运动的 P 点，我们能够求出它在那条直线上的位置吗？

是的，只要我们知道在每个时间 t，这个运动着的 P 点距离 0 点有多远，那么，它的位置就能够确定了。

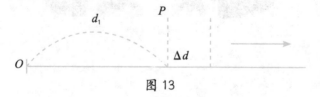

图 13

和之前的例子一样，在连续运动中，在空间的路径是时间的一个连续函数。

预先假定这个函数是已知的，不过这并不能解决我们所要讨论的问题。我们还不知道在这运动当中，P点的速度究竟是怎样，也不知道它的速度有什么变化。经过我这么一提醒，你将要失望地皱眉头了，是不是？

且慢，不用着急，我们请出一件法宝来，这些问题就迎刃而解了！它的名字叫作诱导函数法。它真是一件法宝，它便是数学园地当中，挂有"微分法"这个匾额的那座亭台的基石。

运动本来不过是从时间和空间的变化关系中得出的。你如果老是闭着眼睛，尽管你心里只是不耐烦，有度日如年之感，但是一只花蝴蝶在你面前蹁跹飞舞着，你哪儿会知道它在这么有兴致地动呢？

原来，你闭了眼睛，你面前的空间有怎样的变化，你真是茫然了。同样的，倘使尽管空间有变化，但是你根本就没有时间感觉，你也没有办法理解运动是怎么一回事！

如果对于测得的时间t的每一个数，我们都能够计算出距离d的数值来，这就是某种情形当中时间和空间关系的变化已经被我们知晓了。那么运动的法则，我们自然而然也就知道了！我们就说：

距离是时间的已知函数，简单一些，我们说d是t的已知函数，或者写成$d=f(t)$。

对于你的小弟弟在大门外地上爬的例子，这公式就变成了$d=5t$。

另外随便举个例子，如$d=3t+5$，这时就有了两个不同的运动法则。假如时间用分钟计算，距离用米计算。在第一个式子中，如果时间t是10分钟，那么距离d就是50米。但是在第二个式子中，$d=3t+5$所表示的是运动的法则，10分钟的结尾，那距离却是$d=3\times10+5$，便是距出发点35米。

计算速度，首先必须得注意，要能计算无限小的变动的速度，换句话说，就是要计算任何刹那的速度。

为了表示一个数值是很小的，我们就在它的前面写一个希腊字母Δ（delta），所以Δt就表示一个极小的时间间隔。在这个时间当中，一个运动的东西所经过的路程自然很短，我们就用Δd表示。

现在我问你，那P点在时间Δt的间隔中，它的平均速度是什么呢？你没有忘掉吧！运动的平均速度等于运动所用的时间去除经过的距离。所以这里，你可以这样回答我：

$$平均速度\ \bar{v}=\frac{\Delta d}{\Delta t}$$

这个回答一点没错，虽然现在的时间间隔和空间距离都很小很小，但是要求这个很小的时间当中运动的平均速度，还是只有这么一个老办法。

因为时间和空间所取的数值都很小，所以这里所说的平均速度很有用。要得出真实速度而非平均速度，那么运动只是一刹那间的，而非延续在一个时间间隔当中，我们只需把Δt无限地减小下去就行了。

因为在一刹那t，运动的距离是d，在和t非常相近的时间，我们用$t+\Delta t$来表示，那么，相应的就有一个距离$d+\Delta d$和d非常相近。并且Δt越减小，Δd也越小。

这样一来，我们所测定的时间，当它的数目非常小，差不多和零相近的时候，会得出什么结果呢？换句话说，就是时间Δt近于0的时候，这个$\dfrac{\Delta d}{\Delta t}$的值却变得很微小。因为前项$\Delta d$和后项$\Delta t$虽在变动，但是它们的比却差不多一样。

对于平均速度$\dfrac{\Delta d}{\Delta t}$，因为$\Delta t$和$\Delta d$无限减小，最终就会到达一个和定值$v$相差几乎是零的地步。关于这种情形，我们就说：

当Δt和Δd近于0的时候，v是$\dfrac{\Delta d}{\Delta t}$的比的极限（limite）。

$\dfrac{\Delta d}{\Delta t}$既是平均速度，它的极限$v$就是在时间的间隔和相应的空间都近于零的时候，平均速度的极限。

结果，v便是在一刹那t动点的速度。将上面的话联合起来，可以写成：

$$v = \lim_{\Delta t \to 0} \frac{\Delta d}{\Delta t}$$（$\Delta t \to 0$表示Δt近于0的意思）

找寻$\dfrac{\Delta d}{\Delta t}$的极限值的计算方法，我们就叫它是诱导函数法。

极限值v也有一个不大顺口的名字，叫作"空间d对于时间t的诱导函数"。

有了这个名字，我们说起速度来就方便了。什么是速度？它就是"空间对于一瞬的时间的诱导函数"。

我们又可以回到芝诺的"飞矢不动"的悖论上去了。对于他的错误，在这里还能够加以说明。芝诺所用来解释他的悖论的方法，无论多么巧妙，摆在我们眼前的事实，总是让我们不能相信飞矢是不动的。

你看过变戏法吧？你明知道，那些使你看了吃惊到目瞪口呆的把戏都是假的，但是你却找不出漏洞来。我们如果没有充足的论据来攻破芝诺的推论，那么，对于他巧妙的悖论，也只能感到吃惊了。

现在，我们再用一种工具来攻打芝诺的推论。古人虽然也懂得速度的意义，却没有关于无限小的量的观念。他们以为无限小就是等于零，并没有什么特别。芝诺在他的推论法中这样说，"在每一刹那，那矢是静止的"。我们不妨问问自己，在每一刹那，那矢的位置是静止的，和一个静止的东西一样吗？

再举个例子来说，假如有两支同样的矢，其中一支用了比另一支快一倍的速度飞动。在它们正飞着的空隙，依照芝诺的想法，每一刹那它们都是静止的，那么无论飞得快的一支或是慢的一支，两支矢的静止情形也没有什么区别，它们的速度无论在哪一刹那，都等于零。

但是，我们已经看明白了，要想求出一个速度的精准值，必须要用到无限小的量，以及它们的相互关系。上面已经讲过，这种关系是可以有一个一定极限的。而这个极限，又恰巧可以表示出我们所设想的一刹那时间的速度。

所以，我们脑海里的想法就和芝诺的有点不同了！那两支矢在一刹那的时间，它们的速度并不等于零：每支都保持各自的速度，在同一刹那的时间，快的一支的速度总比慢的一支的速度大一倍。

把芝诺的思想，用我们的话来说，得出这样一个结论：他推证出来的好像是两个无限小的量，它们的关系必须等于零。对于无限小的时间，依照他的想法，那么相应的距离总是零，这样你会觉得有点可笑了，是不是？

速度，我们把它当作是距离和时间的一种关系，所以在我们看来，那飞矢总是动的。说得明白点就是：在每一刹那，它总保持一个并不等于零的速度飞动着。

接下来，我们就来看一个计算诱导函数的例子，先选一个非常简单的运动法则，就以你弟弟在大门外爬行为例：

$$d=5t \tag{1}$$

无论在哪一刹那t_1，最后他所爬的距离总是：

$$d_1=5t_1 \tag{2}$$

我们就来计算你的弟弟在地上爬时，这一刹那的速度，就是找距离d对于时间t的诱导函数。

假如有一个极小的时间间隔Δt，就是说刚好接连着t_1的一刹那$t_1+\Delta t$，在这时候，运动着的点，经过了距离Δd，它的距离就应当是：

$$d_1+\Delta d=5（t_1+\Delta t） \tag{3}$$

这个小小的距离Δd，我们要用来做成这个比$\dfrac{\Delta d}{\Delta t}$的，所以我们可以先把它找出来。从（3）式的两边减去d_1便得：

$$\Delta d=5（t_1+\Delta t）-d_1 \tag{4}$$

但是第（2）式告诉我们说$d_1=5t_1$，将这个关系代进去，我们就可以得到：

$$\Delta d=5（t_1+\Delta t）-5t_1$$

在时间Δt当中的平均速度，前面说过是$\dfrac{\Delta d}{\Delta t}$，我们要找出这个比等于什么，只需将$\Delta t$除前一个式子的两边就好了。

$$\therefore \frac{\Delta d}{\Delta t}=\frac{5（t_1+\Delta t）-5t_1}{\Delta t}=\frac{5t_1+5\Delta t-5t_1}{\Delta t}$$

化简便是：

$$\frac{\Delta d}{\Delta t} = \frac{5\Delta t}{\Delta t} = 5$$

从这个例子看来，无论 Δt 怎样减小，$\frac{\Delta d}{\Delta t}$ 总是一个常数。因此，即使我们将 Δt 的值尽量地减小，到了简直要等于零的地步，那速度 v 的值，在 t_1 这一刹那，也是等于5，也就是诱导函数等于5，所以：

$$v = \lim_{\Delta t \to 0} \frac{\Delta d}{\Delta t} = 5$$

这个式子表明无论在哪一刹那，速度都是一样的，都等于5。速度既然保持着一个常数，那么这个运动便是匀速运动了。

不过，这个例子非常简单，所以要求出它的结果也非常容易。至于一般的例子，往往很麻烦，做起来并不像这般轻巧。

就现实的情形来说，$d = 5t$ 这个运动法则，明确指出运动所经过的路程（比如用米作单位）总是运动所经过的时间（比如用分钟作单位）的5倍。一分钟你的弟弟在地上爬5米，两分钟便爬了10米，所以，他的速度总是等于每分钟5米。

再举一个简单的运动法则来做例，不过它的计算却没有前一个例子简单。假如有一种运动，它的法则是：

$$e = t^2 \tag{5}$$

依照这个法则，时间用秒作单位，路程用米作单位。那么，在2秒钟的结尾，它所经过的路程应当是4米；在3秒钟的结尾，应当是9米……照此推下去，路程总是时间的平方。所以在10秒钟的结尾，所经过的路程便是100米。

还是用路程对于时间的诱导函数来计算这个运动的速度吧！

为了找出诱导函数，在时间t的任一刹那，设想时间增加了很小一点Δt。在Δt很小的一刹那当中，运动所经过的距离e也加上很小的一点Δe。从(5)式我们可以得出：

$$e + \Delta e = (t + \Delta t)^2 \qquad (6)$$

现在，我们就可以从这个式子中求出Δe和时间t的关系了。在(6)式里面，两边都减去e，便得：

$$\Delta e = (t + \Delta t)^2 - e$$

因为$e = t^2$，将这个值代进去：

$$\Delta e = (t + \Delta t)^2 - t^2 \qquad (7)$$

到了这里，我们将式子的右边简化。这第一步就非将括号去掉不可。朋友！你也许忘掉了吧？我问你，$(t + \Delta t)$去掉括号应当等于什么呢？它应当是：

$$t^2 + 2t \times \Delta t + (\Delta t)^2$$

所以(3)式又可以写成下面的样子：

$$\Delta e = t^2 + 2t \times \Delta t + (\Delta t)^2 - t^2$$

式子的右边有两个t^2，一个正一个负恰好抵消，式子也变得更简单：

$$\Delta e = 2t \times \Delta t + (\Delta t)^2 \qquad (8)$$

接着就来找平均速度$\dfrac{\Delta e}{\Delta t}$，应当将$\Delta t$去除(8)式的两边：

$$\frac{\Delta e}{\Delta t} = \frac{2t \times \Delta t}{\Delta t} + \frac{(\Delta t)^2}{\Delta t} \qquad (9)$$

现在再把式子右边的两项中分子和分母的公因数Δt抵消，式子变为：

$$\frac{\Delta e}{\Delta t} = 2t + \Delta t \qquad (10)$$

如果我们所取的 Δt 真是小得难以形容，几乎就和零一样，就可以得出平均速度的极限：

$$\lim_{\Delta t \to 0} \frac{\Delta e}{\Delta t} = 2t + 0$$

于是，我们就知道在 t 刹那时，速度 v 和时间 t 的关系是：

$$v = 2t$$

你把这个结果和前一个例子的结果比较一下，你总可以看出它们有些不一样吧！最明显的，就是前一个例子的 v 总是5，和 t 没有关系。

这里却没有那么简单，速度总是时间 t 的2倍。所以恰在第一秒的间隔，速度是2米/秒，但是恰在第二秒的一刹那，速度却是4米/秒了。这样推下去，每一刹那的速度都不同，所以这种运动不是匀速的。

07 诱导函数几何表示法

　　无限小计算法，真可以算是一件法宝，你在数学的园地中，走来走去，差不多都可以看见它。

　　在几何的院落里，更可以看出它有多么玲珑。老实说，几何的院落现在如此繁荣、美丽，受了它不少恩赐。牛顿发现了它，莱布尼茨也发现了它。但是他们俩并没有打过招呼，所以他们走的路也不同。

　　莱布尼茨是在几何的院落里玩得兴致很浓，想在那里面增加一些点缀，为了要解决一个极有趣味的问题时，才发现了无限小，而且最大限度发挥了它的作用。

　　在几何中，"切线"这个名词，你不知碰见过多少次了吧？所谓切线，按照通常的说法，就是和一条曲线刚好只有一点相碰的一条直线。

　　莱布尼茨在几何的园地中，要解决的问题就是：在任意一条曲线上的随便一点，引出一条切线的方法。有些曲线，比如圆或椭圆，在它们的上面随便一点，要引一条切线，学过几何的人都知道这个方法。

　　但是对于别的曲线，依照样式却不能将那葫芦画出来。究竟一般的方法是怎样的呢？在几何的院落里，曾有许多人想找到打开这道门的锁匙，但都没有成功！

　　和莱布尼茨同时游赏数学的园地，而且在里面加上一些建筑或装饰的人，曾经找到过一条适当而且开阔的道路，然后去探寻各种曲线的奥秘：

　　　　笛卡尔就在代数和几何两座院落当中修筑了一条通路，这便是挂着"解析几何"牌子的那些地方。

　　根据解析几何的方法，数学的关系可以用几何的图形表示出来，而一条曲线也可以用等式的形式去记录它。这个方法真是太神奇了！

　　要说明这个方法的用场，我们先来举一个简单的例子。你取一张白色的纸钉在桌面上，并且预备好一把尺子、一块三角板、一支铅笔和一块橡皮。你用铅笔在纸上画一个小黑点，马上用橡皮将它擦去。你有什么方法能够将那个画黑点的位置再找出来吗？

　　你真将它擦到一点痕迹都不留，无论如何你也没法再将它找回来了。所以在一张纸上，要确定一个点的位置，这个方法非常重要。

　　要确定出一个点在纸上的位置，方法实在不止一个，还是选择一个容易明白的吧。

　　你用三角板和铅笔，在纸上画一条水平线 OH 和一条垂直线 OV。假如 P 是那个位置应当确定的点，你由 P 引出两条直线，一条水平的和一条垂直的（图14中的虚线），这两条直线和 OH、OV 相交于 a 点和 b 点，你用尺子去量 Oa 和 Ob。假如量出来，Oa 等于3厘米，Ob 等于4厘米。

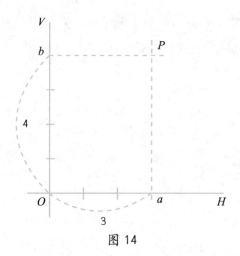

图 14

现在你把P点和两条虚线都用橡皮擦去，只留下用作标准的两条直线OH和OV，那么你只需注意到Oa和Ob的长度，找出P点就很容易了。实际就是这样做：

从O点起在水平线OH上量出3厘米的一点a，还是从O点起，在垂直线OV上量出4厘米的一点b。接着，从a画一条垂直线，又从b画一条水平线。这两条线相交的点，便是你所要找的P点。

这个方法是比较简便的，但并不是独一无二的。这里用到的是两个数，一个垂直距离和一个水平距离。但如果另外选两个适当的数，也可以确定平面上一点的位置，不过别的方法都没有这个方法浅近易懂。

你在平面几何中曾经学过一条定理：不平行的两条直线如果不是完全重合，那么它们就只能有一个交点。所以，我们用一条垂直线和一条水平线，所能决定的点只有一个。

依照同样的方法，用距O点不同距离的垂直线和水平线便可确定许多位置不同的点。你不相信吗？那就用你的三角板和铅笔，随便画几条垂直线和水平线来看看，如图15所示。

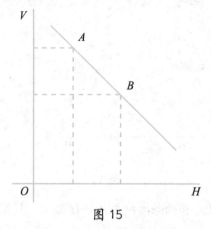

图 15

平面几何中还有一条定理，那就是通过两个定点一定能够画出一条直线，而且也只能够画出一条。所以如果你先在纸上画一条直线，只任意留下了两点，便将整条线擦去，那么，你只需用尺子和铅笔将所留的两点连起来，就是原来的直线了。

你试试看，前后两条直线的位置有什么不同的地方吗？

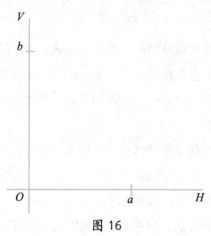

图 16

前面说的只是点的位置，现在，我们更进一步来研究任意一条曲线，或是弧线，我们也能够将它表示出来吗？

在水平线上从O点起，量出的距离用x表示，在垂直线上从O点起，量出的距离用y表示。假如那条曲线上有一点P，从P向OH和OV各画一条垂线，那么，无论P点在曲线上的什么位置，x和y都各有一个相应于P点位置的值。

在曲线BC上，设想有一点P，从P向OH画一条垂线Pa，假如它和OH交于a点；又从P向OV也画一条垂线Pb，假如它和OV交于b点，Oa和Ob便是x和y相应于P点的值，如图17所示。

你试着在曲线BC上另外取一点Q，依照这个方法做一下，就可以看出x和y的值不再是Oa和Ob了。

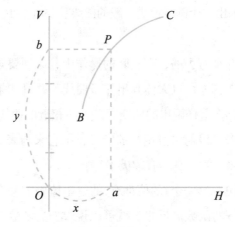

图 17

接连在曲线BC上面取一串点，如P_1，P_2，P_3，…从各点向OH和OV都画一条垂线，就可以得出相应于P_1，P_2，P_3，…这些点的x和y的值，即x_1，x_2，x_3，…和y_1，y_2，y_3，…显而易见，一串x值中的每一个都和一串y值中的一个值相对应。

　　如果已将x和y各自的一串值都画出，曲线BC的位置大体也就确定了。所以，实际上，你如果把P_1，P_2，P_3，…这一串点保留，而将曲线BC擦去，和前面画直线一样，你就有方法再把它找出来。

　　因为x的每一个值，都相应于y的一串值中的一个，所以要确定曲线上的一点，我们就在OH上从O点起取一段等于x的值，再在OV上从O点起取一段等于相应于它的y的值。那么，这一点，就和前面讲过的例子一样，完全可以确定。

　　用同样的方法，将x的一串值和y的一串值都画出来P_1，P_2，P_3，…这一串的点也就确定了，同样也可以将曲线BC画出来。

　　在平面几何学中你还学过一条定理，经过不在一条直线上的三个点就可以画出一个圆。但是一般的曲线，要有多少个点才能把它画出来呢？

　　曲线是弯来弯去的，在实际的操作中，必须要画出很多互相挨得很近的点，才可以大体画出那条曲线。并且如果没有别的方法加以证明，你这样画出的曲线总是一条相近的曲线。

　　话说回来，以前讲过函数的定义，把它来与表示x和y的一串值的方法对照一番，真是有趣极了！

　　我们既说，每一个x的值都有y的一串值中的一个与之对应，就可以说y是x的函数。反之，就可以说x是y的函数。从这一点来看，有些函数是可以用几何方法表示的。

　　比如，y是x的函数，用几何的方法来表示就是这样：有一条曲线BC，假如x等于Oa，我们实际上就可知道相应于它的y的值是Ob。

　　所以从解析数学上来看，一个数学的函数是代表一条曲线的。但从几何上看来，一条曲线就表示一个数学的函数。这简直是合则双美的事情。

反过来说，也是非常容易的。假如有一个数学的函数：

$y=f(x)$

我们可以给这个函数一个几何的说明。还是先画两条互相垂直的线段 OH 和 OV，在水平线 OH 上面取出 x 的一串值，而在垂直线 OV 上面取出 y 的一串值。

然后从各点都画 OH 或 OV 的垂线，从 x 和 y 的两两相应的值所画出的两垂线都有一个交点。这些点总集起来就画出了一条曲线，这条曲线就表示出了我们的函数。

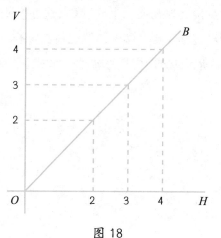

图 18

举一个非常简单的例子吧！假如那已知的函数是：$y=x$，表示它的曲线是什么？

先随便选一个 x 的值，如 $x=2$，那么相应于它的 y 的值也是2，所以相应于这一对值的曲线上的一点，就是从 $x=2$ 和 $y=2$ 这两点画出的两条垂线的交点，如图18所示。

同样，由$x=3$，$x=4$，…得出$y=3$，$y=4$，…并且得出一串相应的点。那么连接这些点的时候，就是我们所需要的函数曲线。

在图上画出的明明是一条直线，为什么我们却亲切地叫它曲线呢？其实直线只是曲线的特殊情形而已。

还有更特别的，它不但是直线，而且和水平线OH以及垂直线OV所成的角还是相等的，恰好45度，就好像你把一张正方形的纸沿对角折出来的那条折痕一般。

原来是要讲切线的，却越说越远了，现在回到本题上面来吧！为了确定切线的意义，先设想一条曲线C，在这曲线上取一点P，过P点引一条割线AB，和曲线C又在P'点相交。

请你将P'点慢慢地在曲线上向着P点这边移过来，你可以看出，当你移动P'点的时候，AB的位置也跟着变了。它绕着固定的P点，依着箭头所指的方向慢慢地转动，如图19所示。

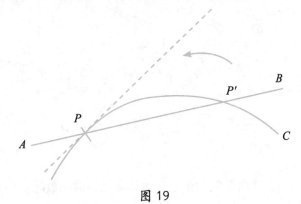

图 19

到了P'点和P点相碰在一起的时候，这条直线AB便不再割断曲线C，只和它在P相交了。换句话说，就是在这个时候，直线AB变成了曲线C的切线。

再用到我们的水平线OH和垂直线OV。假如曲线C表示一个函数。如果能够算出切线AB和水平线OH所夹的角，或是说AB对于OH的斜率，以及P点在曲线C上的位置。那么，过P点就可以画出切线AB了，如图20所示。

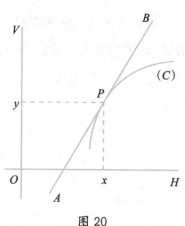

图 20

这么一来，我们又遇到难题了！怎样可以算出AB对于OH的斜率呢？我告诉你一个办法，你自己去试试做。

你拿一根长竹竿，到一堵矮墙前面去。比如，矮墙的高是2米，你将竹竿斜靠在墙上，竹竿落地的这一头恰好距墙脚4米，如图21所示。

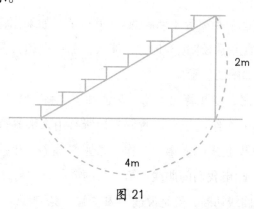

2m

4m

图 21

那么，你已经知道竹竿靠墙的一点离地面的高和落地的一点距墙脚的距离，它们的比恰好是 $\frac{2}{4} = \frac{1}{2}$，这个比值就决定了竹竿对于地面的斜率。

假如，你将竹竿靠到墙上的时候，落地的一头距墙脚2米，就是说恰好和靠着墙的一点离地的高相等，如图22所示。那么它们的比便是：$\frac{2}{2} = 1$。你应该已经看出来了，这一次竹竿相对地面的倾斜度比前一次陡。

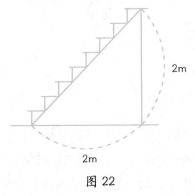

图 22

假如我们要想得出一个 $\frac{1}{4}$ 的斜率，竹竿落地的一头应当距墙脚多远呢？

只要使这个距离等于墙高的4倍就行了。如果你将竹竿落地的一头放在距墙脚8米远的地方，那么，$\frac{2}{8} = \frac{1}{4}$ 恰好是我们所要求的斜率，如图23所示。

简而言之，要想算出斜率，只需知道"高"和"远"的比。快可以得出一个结论了，让我们先把所有用来解答这个切线问题的材料集拢起来吧。第一，作一条水平线 OH 和一条垂直线 OV；第二，画出我们的曲线；第三，过定点 P 和另外一点 P' 画一条直线将曲线切断，就是说过 P' 和 P 画一条割线。

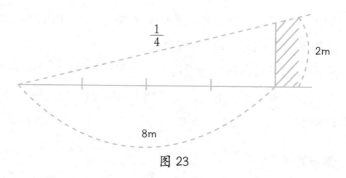

图 23

先不要忘了我们的曲线C是用下面一个已知函数表示的：

$$y = f(x)$$

假如相应于P点的x和y的值是x和y，相应于P'点的x和y的值是x'和y'。从P画一条水平线和从P'所画的垂直线相交于B点，如图24所示。我们先来确定割线PP'对于水平线PB的斜率。

这个斜率，是用"高"P'B和"远"PB的比来表示的，所以我们得出下面的式子：

$$PP'的斜率 = \frac{P'B}{PB}$$

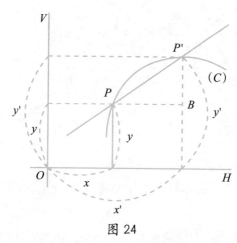

图 24

到了这一步很清楚，我们所要解决的问题是：用来表示斜率的比，能不能借助曲线函数来计算呢？

由图我们可以很容易地看出来，水平线PB等于x'和x的差，而"高度"$P'B$等于y'和y的差。将这相等的值代进前面的式子里，就可以得出：

割线的斜率$= \dfrac{y'-y}{x'-x}$。

接着，来计算过P点切线的斜率，只要在曲线上使P'和P挨近就行了。

如图25所示，P'挨近P的时候，y'便挨近了y，而x'也就挨近了x。这个比$\dfrac{y'-y}{x'-x}$跟着P'的移动渐渐发生了改变，P'越近于P，就越近于我们所要找到表示过P点切线的斜率的那个比。

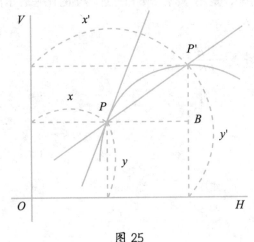

图 25

要解决的问题总算解决了。总结一下，解答的步骤是这样的：

已知一条曲线和表示它的一个函数，曲线上任一点的切线的斜率就可以计算出来。所以，通过曲线上的一点，引一条直线，如果它的斜率和我们已经算出来的一样，那么，这条直线就是我们所要找的切线了！

要将切线画出来其实也不难，假如y'很近于y，x'也很接近于x，那么，这个比$\dfrac{y'-y}{x'-x}$便很近于$\dfrac{1}{2}$了。因此过曲线上的P点，切线的斜率也就很近于$\dfrac{1}{2}$。这里所说的"很近"，就是使得相差的数无论小到什么程度都可以的意思。

我们来动手画吧！过P点引一条水平线PB，使它的长为2厘米，过B点再画一条垂直线Ba，它的长为1厘米，最后连接Pa，如图26所示。这样，直线Pa在P点的斜率等于Ba和PB的比，恰好是$\dfrac{1}{2}$，所以它就是我们所要求的曲线上过P点的切线。

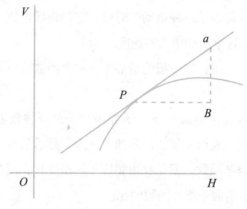

图 26

对于切线的问题，我们已经有了一个一般的解答。但是，我们所解决的都是一些特殊的例子，能不能将这类方法用到一般的已定曲线上去呢？

还不能呢！还得用数学的方法，进一步找出它的一般原理。

不过要达到这个目的并不困难。我们再从所用的方法当中仔细探究一番，就可以得到一个称心如意的回答了。

我们所用的方法含有什么性质呢？假如我们记得清楚从前所说过的连续函数的定义、变化，以及这些变化的平均值等内容，将它们来比照一下，对于我们所用的方法，一定就会更加明了。

一条曲线和一个函数，本可以看成是完全一样的东西，因为一个函数可以表示出它的性质，用图形也可以表示出来。所以，一样的情形，一条曲线也就表示一个点的运动情形。

为了弄清楚一个点的运动情形，我们曾经研究过用来表示运动的函数。研究的结果，将诱导函数的意义也弄明白了。我们知道它在一般的形式下，也是一个函数，函数一般的性质和变化，它都含有。

认为函数是表示一种运动的时候，它的诱导函数，就是表示每一刹那间，这个运动所有的速度。

抛开运动不讲，在一般的情形中，一个函数的诱导函数含有什么意义呢？

我们再来简单地看一下，诱导函数是怎样被我们诱导出来的。对于变数，我们先使它任意加大一点，然后从这点出发去计算所要求的诱导函数。就是找出相应于这点变化，函数增加了多少，接着就求这两个增加的数的比。

因为函数值的增加依赖于自变量的增加，那么，在增量很小很小的时候，它的变化是怎样的呢？

这样的做法，我们已说过很多次，而结果仍旧是一样的。当增量无限小的时候，这个比就达到一个固定的值。不要忘记中间有个必要的条件，如果这个比有极限的时候，那个函数是连续的。

将这些情形和计算切线斜率的方法比较一下，我们仍旧一头雾水，它们确实没有什么区别吗？

最后，得出一个结论：一个函数表示一条曲线，函数的每一个值都相应于曲线上的一点，而函数的每一个值的诱导函数，就是曲线上相应点的切线的斜率。

这样说来，切线的斜率便有一个一般的求法了。这个结果不但对于本问题很重要，它简直是微积分的台柱子。

这不但解释了切线斜率的求法，而且反过来，也就得出了诱导函数在数学函数上的抽象意义。正和我们为了要研究函数的变化，却得到了无限小和它的计算法，以及诱导函数的意义一样。

诱导函数真是非常内涵丰富而有趣！在运动中，它表示这个运动的速度；在几何中，它又变成曲线上切线的斜率。索性再来看看，它还有什么把戏吧。

诱导函数表示运动的速度，就可以指示出那个运动有什么变化。在图形上，它既表示切线的斜率，又有什么可以指示给我们看的呢？

设想有一条弯来弯去的曲线，那么，它在什么地方有怎样的弯法，我们有没有方法可以表示呢？

从图27上看，在 a 点附近曲线弯得快些。换句话说，x 的距离越小，相应的 y 的距离越大。这就证明在 a 点的切线，它的斜度更陡。

在 b 点呢，切线的倾斜度就较平了，切线和水平线所成的角也很小，x 和 y 的距离增加的程度相差也不大。

至于 c 点，倾斜度简直成了零切线，和水平线近乎平行，尽

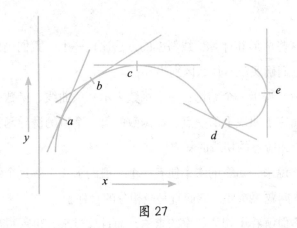

图 27

管 x 的距离在增加，y 的值却总是老样子，所以这条曲线也很平。

接下去，它反而向下弯起来，就是说，x 的距离增加，y 的值反而减小。在这里，倾斜度就改变了方向，一直降到 d 才又回头。从 c 到 d 这一段，因为斜度变了方向，我们就说它是"负的"。

最后，在 e 点倾斜度成了直角，就是切线与垂直线几乎平行的时候，这条曲线变得非常陡。x 如果只是无限小地增加一点的话，y 的值还是一样。

从这个例子中，我们可以知道，诱导函数有多大，它是正或负，都可以指示出曲线的变化来。这正和用它表示速度时，可以看出运动的变化情形一样。

08 抽象的无限小的量

量本来是抽象的，为了容易想象，我们前面说诱导函数的效用和计算法的时候，曾经找出运动的现象来作例子。现在要确切地讲明白数学的函数的意义，方法虽然和前面用过的相似，但要比它更一般些。

诱导函数是表示函数的变化的，无论函数所依靠的自变量的改变量小到什么地步，都可以表示出函数在那儿所起的变化。

诱导函数指示出函数在什么时候渐渐变大或变小，还指示出这种变化什么时候变快或变慢，而且所能指示的并不是大体情形，即使自变量的值只有无限小的一点变化，函数的变化状态也指示得非常清楚。

因此，研究函数的时候，诱导函数实在占据着很重要的位置。关于这种巧妙方法的研究和解释，以及关于它的计算的发明，都是非常有趣的。

然而追根究底，它不过是从数学符号的运用中诱导出来的。不是吗？我们把符号Δ放在一个量的前面，它所表示的量是无限小的，它可以逐渐地、无限地减小下去。随之我们研究无限小的量，便得出诱导函数这个量。

起源虽然很简单，但这些符号并不是可以任意诱导出来的。

它们原是为了研究任何函数无限小的变化的基本运算才产生的。它逐渐展开的结果，对于一般的数学的解析，却变成了一个精确、恰当的工具。

一直到这里，对于诱导函数这一类东西，想要给它一个精确的定义，始终还是没有做到。原来要抽象地了解它，本不容易，所以只好慢慢地再说吧。

一开始举例，我们就用字母来代表运动的东西，这已是一种符号的用法。后来讲到函数，我们又用到下面这种形式的式子：

$$y = f(x)$$

这个式子自然也只是一个符号。x表示一个变数，y表示随着x而变化的一个函数。换句话说，对于x的每一个数值，我们都可以将相应的y的数值计算出来。

在函数以后讲到诱导函数，又用过几个符号，将它连在一起，可以得出下面的式子：

$$y' = \lim_{\Delta x \to 0} \frac{\Delta y}{\Delta x}$$

y'表示诱导函数，这个式子就是说，诱导函数是：当Δx以及Δy都近于零的时候，$\dfrac{\Delta y}{\Delta x}$这个比的极限。

用教科书的表述方式来说就是，诱导函数是当变数的增量Δx和增量Δy都无限减小时，Δy和Δx的比的极限。到了这个极限时，我们另外用一个符号$\dfrac{dy}{dx}$表示。

朋友，你还记得吗？一开场我就说过，为这个符号我曾经碰了一次大钉子，现在你毫不费力就看懂了它。你好好地记清楚它所表示的意义吧，用处多着呢！有了这个新符号，诱导函数的式子又多了一个写法：

$$\frac{\mathrm{d}y}{\mathrm{d}x}=y'$$

$\mathrm{d}y$ 和 $\mathrm{d}x$ 所表示的都是无限小的量，它们同名不同姓，$\mathrm{d}y$ 叫 y 的微分，$\mathrm{d}x$ 叫 x 的微分。在这里，应当注意的是：$\mathrm{d}y$ 或 $\mathrm{d}x$ 都只是一个符号，而不是乘积的关系。

将 $\frac{\mathrm{d}y}{\mathrm{d}x}=y'$ 这个式子变化一番，就可得出一个很重要的关系：

$$\mathrm{d}y=y'\mathrm{d}x$$

这就是说："函数的微分等于诱导函数和自变量的微分的乘积。"

我们已经规定清楚了几个数学符号的意思：什么是诱导函数、什么是无限小、什么是微分，现在就用它们来研究和分解几个不同的变量。

对于这些符号，也可以像其他符号一样，用到各种各样的计算中。但是有一点却要非常小心，和这些量的定义矛盾的地方就得避开。

还是举几个例子，先举一个最简单的吧。假如S是一个常数，等于三个有限的量 a、b、c 与三个无限小的量 $\mathrm{d}x$、$\mathrm{d}y$、$\mathrm{d}z$ 的和，我们就知道：

$$a+b+c+\mathrm{d}x+\mathrm{d}y+\mathrm{d}z=S$$

在这个式子里面，因为 $\mathrm{d}x$、$\mathrm{d}y$、$\mathrm{d}z$ 都是无限小的变量，而且可以使它们小到任何地步。因此干脆一点，我们可以使它们都等于零，那就得出下面的式子：

$$a+b+c=S$$

　　我们说芝诺把无限小想成等于零是错的，现在我却自己马马虎虎地跳进了这个圈子。因为在这个例子中，S和a、b、c都是有限的量，不能偷换，留几个小把戏夹杂在当中跳去跳来，反而不雅观，这才干脆说它们都等于零。

　　芝诺所谈的问题，他讲到无限小的时间，同时讲到无限小的空间，两个小把戏跳在一起，那就马虎不得。

　　所以假如一个式子中不但有无限小的量，还有另一个无限小的量相互关联着，那我们就不能硬生生地说它们等于零，将它们消去。

　　无限小和无限小关联着，会得出有限的值来。朋友！有一句俗话说："一斗芝麻拈一颗，有你不多，无你不少。"但是如果只有两三颗芝麻，你拈去了一颗，不是只剩$\frac{1}{2}$或$\frac{2}{3}$了吗？无限小可以省去和不省去的条件你明白了吗？无限大也是一样的。

　　上面的例子是说，在一个式子当中，如果含有一些有限的数和一些无限小的数，那无限小的数通常可以忽略掉。

　　假如在一个式子中所含有的，有些是无限小的数，有些却是两个无限小的数的乘积。小数和小数相乘，数值便越乘越小。因此，这个乘积对于无限小的数，也可以忽略。

　　假如，有一个这样的式子：

$$\mathrm{d}y = y'\mathrm{d}x + \mathrm{d}v\mathrm{d}x$$

　　在这个式子里面，$\mathrm{d}v$也是一个无限小的数，所以右边的第二项便是两个无限小的数的乘积，它对于一个无限小的数来说，简直是无限小中的无限小，所以就可以忽略。

　　两个无限小的数的乘积，对于一个无限小的数来说，我们称它为二次无限小数。同样的，假如有三个或四个无限小的数相乘的积，对于一个无限小的数（平常我们也说它是一次无限小的数），我们就称它为三次或四次无限小的数。通常二次以上的，我们都称它们为高次无限小的数。

假如，我们把有限的数当成零次的无限的小数看，那么在一个式子中，次数较高的无限小数对于次数较低的无限小数，通常可以忽略。所以，一次无限小的数对于有限的数可以忽略，二次无限小的数对于一次无限小的数也可以忽略。

在前面的式子当中，我们已经知道，如果两边都用同样的数去除，结果还是相等的。我们现在就用 dx 去除，于是得出：

$$\frac{\mathrm{d}y}{\mathrm{d}x}=y'+\mathrm{d}v$$

在这个新得出来的式子当中，左边 $\frac{\mathrm{d}y}{\mathrm{d}x}$ 所含的是两个无限小的数，它们的比等于有限的数 y'。我们称 y' 为函数 y 对于变数 x 的诱导函数。

因为 y' 是有限的数，dv 是无限小的，所以它对于 y' 可以忽略。因此，$\frac{\mathrm{d}y}{\mathrm{d}x}=y'$ 或是两边再用 dx 去乘，这式子也是不变的，所以 d$y=y'\mathrm{d}x$ 这个式子和之前比较，就是少了那两个无限小的数的乘积（dv dx）这一项。

这一节到此结束，下一次我们再换个新鲜的题目来探讨吧！

09 从二次到高次的诱导函数

数学上的一切法则，在它成立的时候，使用的范围虽然有一定的限制，但是我们也可尝试一下，将它扩充出去，用到一切的数或一切的已知函数。我们可以将它和别的法则联合起来，使它能够产生更大的效果。

在算术里面，学了加法，就学减法，但是它只允许你从一个数中减去一个较小的数，因此有时免不了碰壁。比如从一斤中减去八两，你立刻就回答得出来，还剩半斤[1]。但是要从半斤中减去十六两，你还有什么办法呢？

我们从中碰了壁，便创造出一个负数的户头来记这笔苦账，这就是说，将减法的定义扩充到了正负两种数。你欠别人十六两酒，他来向你讨，偏偏不凑巧你只有半斤，你要还清他，不是差八两吗？差的就是负数了！

法则的扩充，还有一条路。我们将一个法则的限制打破，只是让它能够活动的范围扩大起来。但除此以外，有时，我们又要求它能够简单一些。

举个例子来说，一种法则如果要重复地运用，我们也可以想一个方法来代替它。比如，从150中减去3，减了一次又一次，多

---

[1] 按当时的计量单位，1斤＝16两。

少次可以减完呢？这题目自然是可能的，但真要去直接减，谁有这样的耐心呢！而且这种做法十分无聊。

于是我们就另开辟一条便道，那就是除法。加法也是一样的，如果只是同一个数加了又加，也乏味得很，所以又另开辟一条路，叫乘法。

讲诱导函数的时候，限定了对于x的每一个值，都有一个固定的极限。所以，对于x的每一个值，它都有一个相应的值。归根结底，我们便可以将诱导函数y'看成x的已知函数。

同样的，也就可以计算诱导函数y'对于x的诱导函数，这就成为诱导函数的诱导函数了。我们叫它二次诱导函数，用y'表示。

其实，要得出一个函数的二次诱导函数，并不是难事，将诱导函数法连用两次就好了，如前面我们拿来作例的：

$$e = t^2 \tag{1}$$

它的诱导函数是：

$$e' = 2t \tag{2}$$

将这个函数，照$d = 5t$的例子计算，就可得出二次诱导函数：

$$e'' = 2 \tag{3}$$

二次诱导函数对于一次诱导函数的关系，恰和一次诱导函数对于本来的函数的关系相同。一次诱导函数表示本来的函数的变化，同样的，二次诱导函数就表示一次诱导函数的变化。

我们开始讲诱导函数时，用运动来做例，现在再借它来解释二次诱导函数，看看有没有新的发现。

我们曾经从运动中看出来，一次诱导函数是表示每一刹那间，一个点的速度。所谓速度的变化究竟是什么意思呢？

假如一个运动体，第一秒钟的速度是4米，第二秒钟是6米，第三秒钟是8米，速度越来越大，也就是它的速度逐渐增加。

你不要把"增加"这个词看得太呆板了，所谓增加就是变化的意思。所以速度的变化，就只是运动速度的增加，我们便说它是那个运动的加速度。

要想求出一个运动着的点在一刹那间的加速度，只需将计算一刹那间速度的方法，重复用一次就行了。

不过，在第二次的时候，有一点必须注意：第一次我们求的是距离对于时间的诱导函数，而第二次所求的却是速度对于时间的诱导函数。

因此，所谓加速度，便等于速度对于时间的诱导函数。我们可以用下面的一个式子来表示这种关系：

$$加速度 = \frac{\mathrm{d}y'}{\mathrm{d}t} = y''$$

因为速度是用运动所经过的空间对于时间的诱导函数来表示，所以加速度也只是运动所经过的空间对于时间的二次诱导函数。

有了一次和二次诱导函数，应用它们，我们就能更加清楚运动的情形，可完全明白它的速度是怎样变化的。

假如一个点始终是静止的，那么它的速度便是零，于是一次诱导函数也就等于零。反过来，假如一次诱导函数，或是说速度等于零，我们就可以断定那个点是静止的。

比如，已经知道了一种运动的法则，我们想要找出这个运动着的点归到静止的时间，只要找出什么时候，它的一次诱导函数等于零就行了。

举例来说，假设有一个点，它的运动法则是：

$$d=t^2-5t$$

由以前讲过的例子，t^2的诱导函数是$2t$，而$5t$的诱导函数是5，所以：

$$d'=2t-5$$

就是这个点的速度，在每一刹那t间是$2t-5$，如果要问这个点什么时候静止，只要找出什么时候它的速度等于零就行了。但是，它的速度就是该运动的一次诱导函数d'。所以当d'等于零时，这个点就是静止的。

我们再来看d'怎样才等于零。既然它等于$2t-5$，那么$2t-5$如果等于零，d'也就等于零。因此我们可以进一步来看$2t-5$等于零需要什么条件。我们试解下面的简单方程式：

$$2t-5=0$$

解析这个方程式很简单，它的根是2.5。假如t是用秒作单位的，那么，便是2.5秒的时候，d'等于零，就是那个点在开始运动后2.5秒归于静止。

假如那个点的运动是等速的，那么，一次诱导函数或是说速度，是一个常数。因此，它的加速度便等于零，也就是二次诱导函数等于零。一般情况下，一个常数的诱导函数总是等于零。

反过来说，假如有一种运动法则，它的二次诱导函数是

---

❶ 这个式子也可以直接计算出来：

$\because d=t^2-5t$

$\quad d+\Delta d=(t+\Delta t)^2-5(t+\Delta t)$

$\therefore \Delta d=(t+\Delta t)^2-5(t+\Delta t)-d$

$\quad\quad =(t+\Delta t)^2-5(t+\Delta t)-(t^2-5t)$

$\quad\quad =(t^2+2t\Delta t+\Delta t^2)-5t-5\Delta t-(t^2-5t)$

$\quad\quad =2t\Delta t-5\Delta t+\Delta t^2$

$d'=\lim\limits_{\Delta t\to 0}\dfrac{\Delta d}{\Delta t}=\lim\limits_{\Delta t\to 0}(2t-5+\Delta t)=2t-5$

零，那么它的加速度自然也是零。这就表明它的速度没有什么变化。由此可知，一个函数，如果它的诱导函数是零，它便是一个常数。

再接着推断下去，如果加速度或二次诱导函数，不是一个常数，我们又可以看它有什么变化呢？要知道它的变化，只要找出它的诱导函数就行了。这样一来，我们得到的就是三次诱导函数。

在一般的情形下，三次诱导函数不一定等于零。假如它不是一个常数，就可以有诱导函数，这便成了四次诱导函数。

依照这样尽管可以推下去，不过是连续地重复用诱导函数法罢了。无论第几次的诱导函数，都表示它前一次函数的变化。

这样看来，关于函数变化的研究是可以穷追下去的。诱导函数不但可以有第二次、第三次，甚至可以有无限次，直到它成为一个常数。

10 局部诱导函数的变化

朋友，你对火柴盒一定不陌生吧？它是长方形的，有长、宽、高，我们要计算这个火柴盒的大小，就得算出它的体积。

计算这种火柴盒的体积的方法，是把它的长、宽、高相乘。因此，在这三个数中，如果任何一个数变化，它的体积也就随着改变，所以说，火柴盒的体积是这三个量的函数。

如图28所示，假如它的长是a，宽是b，高是c，体积是v，我们就可得出下面的式子：

$v=abc$

假如你的火柴盒是一家公司生产的，我的火柴盒是另一家公司生产的，你一定要和我争，说你的火柴盒体积比我的大。朋友！你有办法向我证明吗？

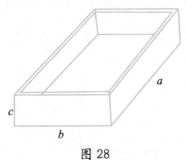

图 28

你只好将它们的长、宽、高都比一比，找出你的盒子有一边，或两边，甚至三边，都比我的盒子要长一些，你真能这样，我自然只好哑口无言了。

我们借这个小问题做引子，来看看火柴盒这类东西的体积是怎样变化的。先假设它的长a、宽b和高c都是可以随时变化的，再假设它们的变化是连续的。

火柴盒的三边既然是连续地变，它的体积自然也得跟着连续地变，且恰好是三个变量a、b、c的连续函数。到了这里，我们就有了一个问题：当这三个变量同时连续变的时候，它们的函数v的无限小的变化，我们怎样去测量呢？

之前，为了要计算无限小的变化，我们用了诱导函数，不过那时的函数是只依赖着一个变量的。现在，我们就来看看遇到几个变量的函数时，诱导函数是不是适合呢？

第一步，我们能够将下面的一个体积，

$$v_1 = a_1 b_1 c_1$$

用以下将要说到的非常简便的方法变成一个新体积：

$$v_2 = a_2 b_2 c_2$$

开始，我们将这个体积的宽b_1和高c_1保持原样，不让它改变，只使长a_1加大一点变成a_2，如图29所示。

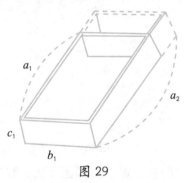

图 29

接着，将 a_2 和 c_1 保持原样，只让宽 b_1 变到 b_2，如图30所示。

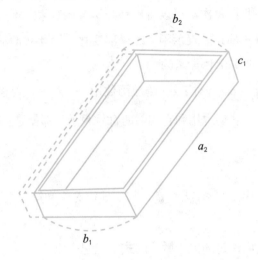

图 30

最后，将 a_2 和 b_2 保持原样，只将 c_1 变到 c_2，如图31所示。

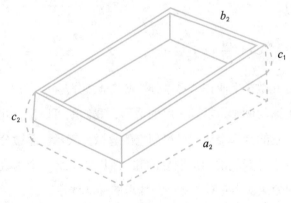

图 31

在这种方法中，我们用了三个步骤使体积 v_1 变到 v_2，每一次我们都只让一个变数改变。

只依赖着一个自变量的函数的变化，我们以前用这个函数的诱导函数来表示。

同理，我们每次都可以得出一个诱导函数来。不过这里所得的诱导函数，都只能表示函数的局部变化。因此我们就替它们取一个名字，叫局部诱导函数。

从前我们表示y对于x的诱导函数用$\dfrac{\mathrm{d}y}{\mathrm{d}x}$表示，现在，对于局部诱导函数，我们也用和它相似的符号表示，那就是：

$$\frac{\partial v}{\partial a},\ \frac{\partial v}{\partial b},\ \frac{\partial v}{\partial c}$$

第一个表示只将a当变量，相应地第二个和第三个表示只将b或c当变量。

你将前面说过的关于微分的式子记起来吧！

$$\mathrm{d}y = y'\mathrm{d}x$$

同样的，如果要找v的变化$\mathrm{d}v$，就得将它三边的变化加起来，所以：

$$\mathrm{d}v = \frac{\partial v}{\partial a}\,\mathrm{d}a + \frac{\partial v}{\partial b}\,\mathrm{d}b + \frac{\partial v}{\partial c}\,\mathrm{d}c$$

$\mathrm{d}v$，在数学上叫作"总微分"或"全微分"。

由上面的例子，推到一般的情形，我们就可以说，几个变量的函数，它的全部变化，可以用它的总微分表示。总微分等于这个函数对于各变量的局部微分的和。所以要求出一个函数的总微分，必须分次求出它对于每一个变量的局部诱导函数。

11　积分学的主要用场

在数学的园地里，最有趣的一件事，就是许多重要的高楼大厦，有一座向东，就一定有一座向西，有一座朝南，就一定有一座朝北。使游赏的人走过去，又可以走回来。而这些两两相对的亭台楼阁，里面的一切结构、陈设、点缀，都互相关联着，恰好珠联璧合，相得益彰。

同样的道理，你会了加法就得会减法，你会了乘法就得会除法；你学了求公约数和最大公约数，你就得学求公倍数和最小公数；你知道通分的原理，你就得懂得怎样约分；你知道乘方的方法还不够，必须要知道开方的方法才算完全。

原来一反一正不只是做文章的大道理呢！加法、乘法……算它们是正的，那么，减法、除法……恰巧相应的就是它们的还原，所以便是反的。

假如微分法算是正的，有没有和它相反的方法呢？朋友！真有一个和它相反的方法，这就是积分法。

有人和我们开玩笑，说出一个速度来，要我们回答这是一种什么运动，如果他还要我们算出在某一个时间中，运动所经过的空间距离，怎么办呢？

假如别人向你说，有一种运动，它的速度每小时总是5千米，要求它的运动法则，你自然会不假思索地回答他：

$$d=5t$$

他如果问你，8个小时的时间，这个运动的物体在空间经过了多长距离，你也可以很轻巧地说出是40千米。但是，这是一个极简单的匀速运动的例子呀！如果碰到的不是匀速运动，怎么办呢？

其实在日常生活中，本来用不到什么精确的计算，所以，上面提出的问题，如果为实际运用，只要有一个近似的解答就行了。

近似的解答并不难找，只要我们能够知道一种运动的平均速度就可以了。比如，我们知道一辆汽车的平均速度是每小时40千米，那么，5小时它"大约"行驶了200千米。

但是，我们知道了那辆汽车真实的速度常常是变动的，又想要将它在一定的时间内所走的路程计算得更精确些，就要知道许多相离很近的刹那间的速度，即一串平均速度。

这样计算出来的结果，自然比前面用一小时做单位的平均速度来计算所得的要精确些。我们所取的一串平均速度，数目越多，互相隔开的时间间隔越短，所得的结果就越精确。

但是，无论怎样细分，总不是真实的情形。怎样解决这个问题呢？

一辆汽车在一条很直的路上行驶了一个小时，我们也知道它每一刹那间的速度。那么，它在一个小时内所经过的路程，究竟是怎样的呢？

第一个求近似值的方法是：可以将一个小时的时间分成每5分钟一个间隔。在这12个间隔当中，每一个间隔，我们都选一个刹那的真实速度。比如在第一个间隔里，每分钟v_1米是它在某一刹那的真实速度；在第二个间隔里，我们选v_2；第三个间隔里，选v_3…这样一直到v_{12}。

这辆汽车在第一个5分钟内所经过的路程，和$5v_1$米相近；在第二个5分钟里所经过的路程，和$5v_2$米相近，以此类推。

它一个小时所通过的距离，就近于经过这12个时间间隔所走的距离的和，也就是说：

$$d = 5v_1 + 5v_2 + 5v_3 + \cdots + 5v_{12}$$

这个结果，也许恰好就是正确的，但对我们来说也没有用，因为它是不是正确的，我们没有办法去确定。一般说来，它总是和真实的值相差不少。

实际上，上面的方法，虽然已将时间分成了12个间隔，但在每5分钟这一段里面，还是用一个速度来作为平均速度。

虽然这个速度，在某一刹那是真实的，但它和平均速度比较起来，也许太大了或是太小了，导致我们所算出来的路程说不定也会太大或太小。所以，这个算法要得出确切的结果，差得还远着呢！

不过，照这个样子，我们还可以做得更精细些。不妨将5分钟一段的时间间隔分得更小些，比如说，一分钟一段。那么所得出来的结果，即便一样的不可靠，相差的程度总会小些。

照这样做下去，时间的间隔越分越小，我们用来做代表的速度也就更接近于相应时间内的平均速度。我们所得的结果，便更接近于真实的距离。

除了这个方法，还有第二个求近似值的方法：假如在那一个小时的时间内，每分钟选出的一刹那间的速度是v_1，v_2，v_3，…，

v_{60}，那么所经过的距离 d 便是：

$$d = v_1 + v_2 + v_3 + \cdots + v_{60}$$

照这样继续做下去，把时间的段数越分越多，我们所得出的距离近似的程度就越来越大。这所经过的路程的值，我们总用项数逐渐增加、每次的数值逐渐近于真实的许多数的和来表示。实际上，每一项都是表示一个很小的时间间隔乘一个速度所得的积。

我们还得将这个方法继续讲下去，请你千万不要忘掉，和数中的各项实际都是表示路程的一小段。

假设现在我们想象将时间的间隔继续分下去，一直到无限，那么，最后的时间间隔便是一个无限小的量，用以前的符号表示，就是 Δt。

确实，我们能够将时间间隔无限地分下去，到无限小为止。在这一刹那的速度，便是那个运动所经过的路程对于时间的诱导函数。由此可见，速度和无限小的时间的乘积，便是一刹那间运动所经过的路程。

自然，路程也是无限小的，但是将这样一个个无限小的路程加在一起，不就是一个小时内的真实路程了吗？不过，要照普通的加法去累加，却无从下手。每个相加的数都无限小，但这些无限小的数的数目却是无限大的。

一个小时的真实路程既然有办法得到，只要将它重用起来，无论多少小时的真实路程都可以得到了。一般来说，我们仍然设时间是 t。

照上面来看，对于每一个 t 的值，我们都可以得出距离 d 的值来，所以 d 便是 t 的函数，可以写成下面的式子：

$$d = f(t)$$

换句话说，这就是表示那个运动的法则。归根结底，我们所要寻找的只是将一个诱导函数还原回去的方法。从前是知道了一种运动法则，要求它的速度。现在却是由速度要反回去求它所属的运动法则。

从前由运动法则求速度的方法，叫作诱导函数法，所以得出来的速度也叫诱导函数。

现在我们所要找的和诱导函数法相反的方法便叫积分法。所以一种运动在一段时间内所经过的距离d，便是它的速度对于时间的积分。

现在你大概已经明白积分的含义了吧。为了使我们的观念更加清晰，用一般惯用的名词来说，所谓积分就是：

无限大的数目，这般多的无限小的量的总和的极限。

细说开来就是，我们将许许多多的、简直数不清的一些无限小量加在一起，但这不能照平常的加法去加，所以只好换一个方法，求这个总和的极限，这个极限便是所谓的积分。

这个一般的定义虽然也能够用到关于运动的问题上去，但我们现在还能进一步去研究它。只需把已说过的关于速度这种函数的一些话，重复一番就好了。

假如y是变数x的一个函数，照一般的写法：

$$y = f(x)$$

对于每一个x的值，y的相应值假如也知道了，那么，函数$f(x)$对于x的积分是什么东西呢？

因为积分法就是诱导函数法的反方法，那么，要将一个函数

$f(x)$ 积分，无异于说：另外找一个函数，比如是 $F(x)$，而 $F(x)$ 的诱导函数必须恰好是函数 $f(x)$。

这正和我们知道了3和5，要求8用加法，而知道了8和5，要求3用减法是一样的。在代数里面，减法确切的定义就是这样："有 a 和 b 两个数，要找一个数出来，它和 b 相加就等于 a，这种方法便是减法。"

针对积分法，我们再来举个例子。先选好一段变数的间隔，如有了起点0，又有 x 的任意一个数值。我们就将0和 x 当中的间隔分成很小很小的小间隔，一直到可以用 Δx 表示。如图32所示在每一个小小的间隔里，我们随便选一个 x 的值 x_1，x_2，x_3，…

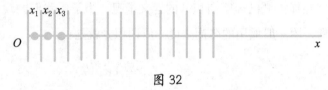

图 32

因为函数 $f(x)$ 对于 x 的每一个值都有相应的值，它相应于 x_1，x_2，x_3，…的值我们可以用 $f(x_1)$，$f(x_2)$，$f(x_3)$，…来表示，那么总和就应当是：

$$f(x_1)\Delta x + f(x_2)\Delta x + f(x_3)\Delta x + \cdots$$

在这个式子中，Δx 越小，也就是将 $0x$ 分的段数越多，它的项数就越多，但是每项的数值却越来越小了。这样我们不是又可以得出另外一个不同的总和来了吗？

假如继续照样做下去，逐次新做出来的总比前一次精确些。到了极限，这个总和就等于我们要找的 $F(x)$ 了。所以，积分法就是要求一个总和。$F(x)$ 是 $f(x)$ 的积分，掉过来 $f(x)$ 就是 $F(x)$ 的诱导函数，由前面的微分的表示法：

$$\mathrm{d}F(x) = f(x)\mathrm{d}x \qquad\qquad (1)$$

如果把一个"S"拉长了，写成"∫"这个样子，作为积分的符号，那么$F(x)$和$f(x)$的关系又可以这样表示：

$$F(x) = \int f(x)\mathrm{d}x \qquad\qquad (2)$$

（1）（2）两个式子的意义虽然不相同，但表示的两个函数的关系却是一样的。

这恰好和"赵阿狗是赵阿猫的爸爸"和"赵阿猫是赵阿狗的孩子"一样。表述方式不一样，但"阿狗""阿猫"都姓赵，而且"阿狗"是爸爸，"阿猫"是孩子，这个关系，在两句话当中总是一样的。

讲诱导函数的时候，先用运动来做例，再从数学上的运用去研究它。积分法，除了知道速度，去求一种运动的法则以外，还有别的用处吗？

12 面积的简单计算法

　　将前节讲过的方法拿来运用，再没有比求矩形的面积更简单的例子了。

　　如图33所示，有一个矩形，它的长是a，宽是b，它的面积便是a和b的乘积，这在算术里就已讲过。如下图所示，长是6，宽是3，那么面积就恰好是$3 \times 6 = 18$个方块。

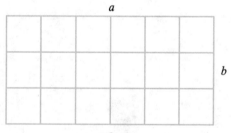

图 33

　　假如这个矩形有一边不是直线，那自然就不能再叫它是矩形，要求它的面积，也就没有上面所用的方法这般简单。那么，我们有什么办法呢？

　　假使我们所要求的是图34中$ABCD$线所包围的面积，我们知道AB，AD和DC的长，并且又知道表示BC曲线的函数（这样，我们就可以知道BC曲线上各点到AB线的距离），我们用什么方法，可以求出$ABCD$的面积呢？

图 34

一眼看去，这问题好像非常困难，因为BC线非常不规则，真是有点不容易对付。但是，你不必着急，只要应用我们前面说过的方法，就可以迎刃而解了。先找它的近似值，再渐渐地增加近似值与真实值的近似程度，直到我们得到精确的值为止。

这个方法的确非常自然。前面我们已讨论过无限小的量的计算法，又说过将一条线分了又分，一直到分到无穷的方法，这些方法可以帮我们解决一些较复杂、较困难的问题。先从粗疏的一步入手，循序渐进，便可达到精确的一步。

第一步，简直一点困难都没有，因为我们所要的只是一个大概的数目。

先把ABCD分成一些矩形，这些矩形的面积，我们自然已经会算了。

假如ABCD面积S，差不多等于（1），（2），（3），（4）四个矩形的面积的和，我们就先来计算这四个矩形的面积，用它各自的长去乘它各自的宽。

这样一来，我们第一步可得到的近似值，便是这样：

$$S = AB' \times Ab + ab \times bd + cd \times df + fD \times CD$$

$$\quad\ (1)\qquad\ (2)\qquad\ (3)\qquad\ (4)$$

显然，从图35看就可知道，这样得出来的结果与实际面积相差很远，面积S比这四个矩形的面积的和大得多。图中四块阴影部分，全都没有算在里面。

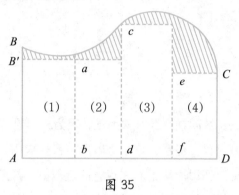

图 35

不过，这个误差，我们并不是没有办法补救。表示BC曲线的函数是已知的，我们可以求出BC上面各点到直线AD的距离。反过来就是对于直线AD上的每一点，可以找出它们和BC曲线的距离。

假如我们把AD看作和以前各图中的水平线OH一样，AB就恰好相当于垂直线OV。在AD线上的点的值，我们就可说它是x，相应于这些点到BC的距离便是y。所以AD上的一点P到AD的距离就是一个变数。

现在我们说AP的距离是x，AD上面另外有一点P'，AP'的距离是x'，过P和P'都画一条垂直线同BC相交在p和p_1。pP和p_1P'就相应地表示函数在x和x'的值y和y'，如图36所示。

结果，无论P和P'点在AD上的什么地方，我们都可以将y和y'找出来，所以y是x的函数，可以写成：

$$y = f(x)$$

这个函数就是 BC 曲线所表示的含义。

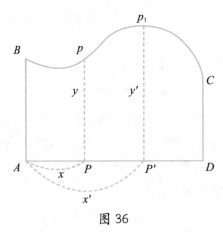

图 36

现在，再来求面积 S 的值吧！将前面的四个矩形，再分成一些数目更多的较小的矩形。

由图37就可看明白，那些从曲线上画出的和 AD 平行的短线都比较挨近曲线；而斜线所表示的部分也比上面的减小了。因此，用这些新的矩形的面积的和来表示所求的面积：等于矩形（1），…，（12）的面积之和，比前面所得的误差就小得多。

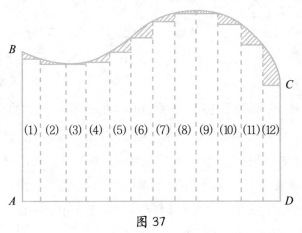

图 37

再把AD分成更小的线段，如Ax_1，Ax_2，Ax_3，…由各点到曲线BC的距离，设为y_1，y_2，y_3，…这些矩形的面积就是：

$y_1 \times x_1$，$y_2 \times (x_2 - x_1)$，$y_3 \times (x_3 - x_2)$，…

而总共的面积就等于这些小面积的和，所以：

$$S(近似值) = y_1 \times x_1 + y_2 \times (x_2 - x_1) + y_3 \times (x_3 - x_2) + \cdots$$

如果要想得出一个精确的结果，只需继续把AD分得段数一次比一次多，每段的间隔一次比一次短，每次都用各个小矩形的面积的和来表示所求的面积，如图38所示。那么，S和所得的近似值，误差便越来越小了。

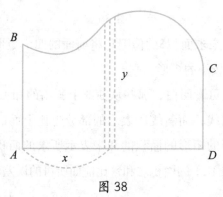

图 38

这样做下去，到了极限，也就是说，小矩形的数目是无限多，而它们每一个的面积便是无限小，这一群小矩形的和便是真实的面积S。

但是，所谓数目无限，一些无限小的量的和，它的极限，照前节所讲过的，就是积分。所以我们刚才所讲的例子，就是积分在几何上的运用。

所求的面积S，就是x的函数y对x的积分。换句话说，求一条曲线所切成的面积，必须计算那些连续的近似值，一直到极限，这就是所谓的积分。

到这里，为了要说明积分的原理，我们已举了两个例子：第一个，是说明积分法就是微分法的还原；第二个，是表示出积分法在几何学上的意味。

将这些范围和形式都不相同的问题的解决法贯通起来，就可以明白积分法的意义，而且还可以扩张它的使用范围。

我们讲诱导函数的时候，也是一步一步地逐渐弄明白它的意义，同时也就扩张了它活动的领域。积分法既然是它的还原法，自然也可以照做了。比如，前面我们只是用它来计算面积，但如果我们用它来计算体积，也一样。

我们知道，立方柱的体积等于它的长、宽、高相乘的积。假如我们所要求的物体的体积有一面是曲面，我们就可以先把它分成几部分，按照求立方柱的体积的方法，将它们的体积计算出来，然后将这几个体积加在一起，这就是第一次的近似值了。

和前面一样，我们可以再将各部分细化，求第二次，第三次……的近似值。这些近似值，因为越细分项数越多，每项的值越小，所以近似程度就越高。

到了最后，项数增到无限多，每项的值变成了无限小，这些和的极限，就是我们所求的体积，这种方法就是积分。

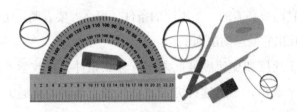

13 掌握微分方程式

在数学的园地中，微分法这个院落，从建筑起来到现在，一直在尽量地扩充它的地盘，充实它的内容，它真是与时俱进，现在越来越繁荣了。

很多数学家逐渐扩展它，使它一步步一般化，所谓无限小的计算，或叫作解析数学的这一支，就变成了现在的情景：数学中占了很广阔的地位，关于它的专门研究，以及一切的应用，也就不是一件容易弄清楚的事情了！

关于无限小的计算，我们可以大体讲一下，也就快要结束了。但请你不要就此失望，下面所讲到的也是一样重要。

所有关于运动的问题，都要用到微分法。因为一个关于运动的问题，它所包含着的，无论已知或未知的条件，总不外是路程、速度和加速度。所以，知道了运动的法则，就可以求出这个法则的速度以及加速度。

现在假如我们知道一些速度以及一些加速度，并且还知道要适合于它们所必需的一些不同的条件，那么，要表明这个运动，就只差找出它的运动法则了。

关于速度和加速度彼此之间有什么条件，在数学上都是用方程式来表示，不过这种方程式和代数上所讲的普通方程式有些不同。

最大的不同，就是它里面包含着诱导函数。因此，为了和一般的方程式划分门户，我们就称它是微分方程式。

在代数中，有了方程式，就要去找出适合这个方程式的数值来，这个数值就叫方程式的根。和这个情形相似，有了一个微分方程式，我们就要去找出一个适合它的函数来。

这里所谓的"适合"是什么意思呢？简而言之，就是找出一个函数，将它的诱导函数的值，代入原来的微分方程式，这个方程式还能成立，那这个诱导函数就适合于这个方程式。而这个被找出来的函数，便称为这个微分方程式的积分。

在代数里，从一个方程式去求它的根，叫作解方程式。而对于微分方程式，要找适合它的函数，我们就说是将这个微分方程式来积分。举一个非常简单的例子。比如在直线上有一点在运动着，它的加速度总是一个常数，这个运动的法则怎样呢？

在这个题目里，假设用y'表示运动的加速度，c代表一个常数，那么，我们就可以得到一个简单的微分方程式：

$$y'=c$$

加速度就是函数的二次诱导函数，所以现在的问题，就是找出一个函数来，它的二次诱导函数恰好是c。

这里的问题自然是最容易的，前面已经说过，一种均匀变化的运动的加速度是一个常数，但是如果从数字上来找这个运动的法则，那就必须要将上面的微分方程式积分。

第一次，我们将它积分得：（设变量是t）

$$y'=ct$$

你要问这个式子怎样来的？看以前的例子$y''=c$是从一个什

么式子微分来的，就可以知道。

不过在这里有个小小的问题，照以前所讲过的诱导函数法算来，下面的两个式子都可以得出同样的结果$y''=c$，

$y'=ct$

$y'=ct+a$（a也是一个常数）

这两个式子恰好差了一项（一个常数），我们总是用第二个，而把第一个当成一种特殊情形（就是第二式中的a等于零的情况）。那么，a究竟是什么数呢？它是一个常数。

这就奇怪了，我们将微分方程式积分得出来的是一个不完全确定的回答！但是，朋友，不用大惊小怪！

你在代数里面，解二次方程式时通常会得出两个根，如果问你哪一个对，你只好说都对。如果你所解的二次方程式，受到另外一个什么限制，你的答案有时就只能容许有一个了。同理，如果另外还有条件，常数a也可以确定。

上面的两个式子当中，无论哪一个也还是一个微分方程式，再将这个微分方程式积分一次，所得出来的函数，便表示我们所要找的运动法则，$y=\dfrac{c}{2}t^2+at+b$（b又是一个常数）。

无限小的计算，虽则我们所举过的例子都只是关于运动的，但物理的现象是以运动的研究做基础的，所以很多物理现象，我们想要去研究它们，发现它们的法则并将这些法则表示出来，都离不开无限小的计算。

除了物理学外，无限小的计算在其他科学领域也有非常广泛的应用，天文、化学、生物学和许多社会科学，都要依赖着它。实际上，现在要想走进学术的园地去，恐怕除了作诗、写小说外，和它不接触的机会是很少的。

14 寻找最大公约数

　　几个数公共具有的约数叫作它们的公约数。例如，12的约数是1，2，3，4，6，12；18的约数是1，2，3，6，9，18；24的约数是1，2，3，4，6，8，12，24。1，2，3，6是12，18和24公共具有的约数，就是它们的公约数。

　　几个数的公约数中最大的一个叫作它们的最大公约数，我们用*G.C.M.*代表它。在前面所举的例子中，6就是12，18，24 的最大公约数。

　　几个数若除1以外没有公约数，那么它们为互质数。例如，5和6以及12，35和121各是互质数。

　　先把要求最大公约数的各数析成质因数的连乘积。然后把各数公有的质因数提出来相乘，所得的积就是所求的最大公约数。如果同一个质因数各有几个，只取最少的个数。

　　例一：求180和126的最大公约数。

　　$\because 180 = 2^2 \times 3^2 \times 5$ 与 $126 = 2 \times 3^2 \times 7$

　　$\therefore G.C.M. = 2 \times 3^2 = 18$

这个演算又可列成下式:

$$2 \underline{|180 \qquad 126} \cdots 2是公因数$$

$$3 \underline{|90 \qquad 63} \cdots 3是公因数$$

$$3 \underline{|30 \qquad 21} \cdots 3是公因数$$

$$10 \qquad 7 \cdots 10和7已经是互质数$$

$$\therefore G.C.M. = 2 \times 3 \times 3 = 18$$

　　这里只是将各个公因数，就是各次的除数连乘。用各数的最大公约数去除各数所得的商一定是互质数。

例二：求210，1 260和245的最大公约数。

$$210 = 2 \times 3 \times 5 \times 7$$

$$1 260 = 2^2 \times 3^2 \times 5 \times 7$$

$$245 = 5 \times 7^2$$

$$\therefore G.C.M. = 5 \times 7 = 35$$

这个演算又可列成下式:

$$5 \underline{|210 \qquad 1 260 \qquad 245}$$

$$7 \underline{|42 \qquad 252 \qquad 49}$$

$$6 \qquad 36 \qquad 7$$

$$\therefore G.C.M. = 5 \times 7 = 35$$

例三：求9 000和1 350的最大公约数。

$$10 \underline{|9 000 \qquad 1 350} \cdots 10是公因数$$

$$5 \underline{|900 \qquad 135} \cdots 5是公因数$$

$$9 \underline{|180 \qquad 27} \cdots 9是公因数$$

$$20 \qquad 3$$

$$\therefore G.C.M. = 10 \times 5 \times 9 = 450$$

> 每次用去除的数只要是各个数的公因数就可以，不限定要质因数。

要求两个数的最大公约数，如果不容易把它们分成质因数的连乘积，也就不容易找出它们的公因数去除它们。在这种情况下就用辗转相除法。

这个方法是这样的：用较小的一个数去除较大的一个数，假如除得尽，这个较小的数既除得尽较大的一个，也除得尽它自己，它就是两个数的最大公约数。

假如除不尽，就是有一个余数，并且这个余数比它要小，这个余数就算是第一余数。接着就用这个第一余数去除较小的一个数，如果有余数就算是第二余数。

第二余数当然比第一余数要小，就用它去除第一余数。假如还除不尽，就有第三余数。第三余数当然比第二余数要小，就用它去除第二余数。

假如还除不尽，就照样做下去。因为每次的余数都要比上一次的小，所以到最后只有两种结果：一种是剩1，这就是原来的两个数没有公约数，而是互质数；另一种是剩0，这就是除尽了。最后一个除数就是所求的最大公约数。

例一：求437和1691的最大公约数。

第二次的商	1	437	1691	3	第一次的商
		380	1311		
第二余数	1	57	380	6	第一余数
第四次的商		38	342		第三次的商
第四余数		19	38	2	第三余数
			38		第五次的商
			0		

所求的$G.C.M.=19$。

例二：求437和2500的最大公约数。

1	437	2500	5
	315	2185	
1	122	315	2
	71	244	
2	51	71	1
	40	51	
1	11	20	1
	9	11	
	2	9	4
		8	
		1	…最后余数

所以437和2500是互质数。

像例二，两个数中的2500，我们很容易把它析成质因数的连乘积，$2500=2^2\times5^4$。用2和5去除另外一个数437，也很容易看出来都不能除尽。所以不必用辗转相除的方法，也可以判定437和2500是互质数。因为2500的质因数2和5都不是437的因数。这就是说，它们除1以外，没有别的公因数。

例二的演算，也可以用下面的办法变得比较简便一些。

1	437	2500	5
	315	2185	
2	122	315	5
6	61	305	
	60	10	
最后余数…	1		

因为第二余数122有因数2，但不一定是质因数，但2不是要用它去除的第一余数315的因数。在演算过程中先把它约去，对于所求的最大公约数不会产生什么影响。并且这种方法在演算过程中，无论哪一个阶段都适用。

例三：求78，130和195的最大公约数。

先求78和130的最大公约数。

1	78	130	1
	52	78	
	26	52	2
		52	
		0	

所以78和130的最大公约数是26。

再求26和195的最大公约数。

2	26	195	7
	26	182	
	0	13	

所以，26和195的最大公约数是13，也就是说78，130和195的最大公约数是13。因为13可以除尽26，也就可以除尽78和

130，但26却不能除尽195。

例三只是作为演算辗转相除的例子，实际演算78和130的最大公约数，很容易得出来是26。而26＝2×13，2不是195的因数，只须用13去除195，结果正好除尽，就可以知道13是78、130和195的最大公约数。

辗转相除法，一次只能求出两个数的最大公约数。所以，要求四个数的最大公约数就得分三次进行。先求出两个数的最大公约数，然后用它和第三个数求三个数的最大公约数。再用所得的数和第四个数求最大公约数，自然也可以把四个数分成两个一组的两组，先求各组的最大公约数，再求两组的最大公约数的最大公约数。

例四：求2 226，3 339，8 904和11 130的最大公约数。

先分别求2 226和3 339以及8 904和11 130的最大公约数。

2	2 226	3 339	1	4	8 904	11 130	1
	2 226	2 226			8 904	8 904	
	0	1 113			0	2 226	

2 226和3 339的最大公约数是1 113，而8 904和11 130的最大公约数是2 226。再求1 113和2 226的最大公约数。

在本题这是很清楚的，1 113就是所求的最大公约数，用不着再用辗转相除法去计算一次。但是在一般的情况下，不会正好就可以看得出来的，所以必须再计算一次。

15 寻找最小公倍数

几个数公共的倍数叫作它们的公倍数。如12，24和36都是2，4，6和12的公倍数。几个数的公倍数的个数是无限的，因为它们的任何一个公倍数的倍数也是它们的公倍数。

几个数的公倍数中最小的一个叫作它们的最小公倍数，我们用 $L.C.M.$ 代表它。如12，24和36都是2，4，6和12的公倍数，其中12最小，它就是2，4，6和12的最小公倍数。

我们先把要求最小公倍数的各数析成质因数的连乘积，其次把各个数所包含的不相同的质因数都提出来相乘，所得的积就是所求的最小公倍数。

但是，两个以上的数所公有的质因数，只取各数中含得的个数最多的一个。自然，如果几个数包含的某个质因数的个数相同，那就只取一次。

例一：求35，40和100的最小公倍数。

$\because 35 = 5 \times 7$，$40 = 2^3 \times 5$ 和 $100 = 2^2 \times 5^2$

$\therefore L.C.M. = 2^3 \times 5^2 \times 7 = 1400$

三个数所含的不相同的质因数是2，5和7。40和100都含有2，最多的是 2^3。40和100都含有5，最多的是 5^2，7只有一个。因此得出 $L.C.M.$ 是 $2^3 \times 5^2 \times 7$。

这个演算又可以列成下式：

5 | 35   40   100   ……5是三个数的公因数

 2 | 7   8   20   ……2是8和20的公因数

 2 | 7   4   10   ……2是4和10的公因数

    7   2   5   ……各数中任何两个都没有公因数

$\therefore L.C.M. = 5 \times 2 \times 2 \times 7 \times 2 \times 5 = 1400$

这里先是用各个数的公因数去除，到各个数已经没有公因数的时候，再用其中几个数的公因数去除，不能除尽的就不用除，照样写下来。这样连续做下去到各个数中任何两个都没有公因数为止。

最后，把所有的除数（在式子左边的）和所有的商数（在式子下面的）相乘。

例二： 求500、507和798的最小公倍数。

$\because 500 = 2^2 \times 5^3$，$507 = 3 \times 13^2$ 和 $798 = 2 \times 3 \times 7 \times 19$

$\therefore L.C.M. = 2^2 \times 3 \times 5^3 \times 7 \times 13^2 \times 19 = 33\,715\,500$

这个演算又可以列成下式：

2 | 500   507   798

3 | 250   507   399

    250，169，133，…各数中任何两个数都没有公因数

$\therefore L.C.M. = 2 \times 3 \times 250 \times 169 \times 133 = 33\,715\,500$

两个数如果是互质数，那么它们的最小公倍数就等于它们相乘的积。在几个数中，如果是任何两个都是互质数，那么它们的最小公倍数就等于它们相乘的积。如

3，7和8的最小公倍数就是3×7×8＝168。

在几个数中，如果最大的一个是其他各个的倍数，那么它就是它们的最小公倍数，因为它也是自己的倍数。60，15，12和5，60是15，12和5的倍数，它也就是60，15，12和5的最小公倍数。

如果要求两个数的最小公倍数，但是不容易把它们分成质因数的乘积，那么也就不容易找出它们的公因数去除它们。在这种情况下，就先求它们的最大公约数，即用辗转相除法。

我们先来观察一下。例如要求70和90的最小公倍数。按照求最大公约数的方法，是：

$$2 \overline{\begin{array}{ll} 70 & 90 \end{array}}$$
$$5 \overline{\begin{array}{ll} 35 & 45 \end{array}}$$
$$\qquad 7 \quad 9$$

$\therefore L.C.M. = 2 \times 5 \times 7 \times 9 = 630$

$G.C.M. = 2 \times 5 = 10$

用它们的最大公约数分别去除它们，所得的商是7和9，这两个商值一定是互质数。

并且，它们的最小公倍数$630 = 2 \times 5 \times 7 \times 9 = (10 \times 7) \times 9$
$$= 70 \times 9 = 70 \times (90 \div 10)$$

又它们的最小公倍数$630 = 2 \times 5 \times 7 \times 9 = (10 \times 9) \times 7$
$$= 90 \times (70 \div 10)$$

这就是说，两个数的最小公倍数（630）等于其中的一个数（70或90）乘以另一个数（90或70）被它们的最大公约数（10）除得的商（9或7）。

　　根据这个性质，要求两个数的最小公倍数，就先求它们的最大公约数。其次用这个最大公约数去除其中的一个数，而把所得的商和另一个数相乘。这样就能够得出所求的最小公倍数。

　　例三：求336和1260的最小公倍数。

　　先求它们的最大公约数。

1	336	1260	3
	252	1008	
	84	252	3
		252	
		0	

　　∴ $G.C.M.=84$

　　用84去除336再和1260相乘，

　　$336 \div 84 \times 1260 = 4 \times 1260 = 5040$

　　或用84去除1260再和336相乘，

　　$1260 \div 84 \times 336 = 15 \times 336 = 5040$

　　∴ $L.C.M.=5040$

　　由这个演算，我们还可以知道：

　　两个数的最小公倍数就等于它们的相乘积除以它们的最大公约数。

　　例如：$5040 = (4 \times 84) \times 1260 \div 84 = (336 \times 1260) \div 84$

　　或：$5040 = 15 \times 336 = (15 \times 84) \times 336 \div 84$

　　　　　$= (1260 \times 336) \div 84$

　　例三的方法，一次只能求出两个数的最小公倍数。

　　如果要求三个以上的数的最小公倍数，就要先求两个数

的，然后将求得的最小公倍数和第三个数相求。又再把

求得的最小公倍数和第四个数相求。如果要求五个数以

上的，只要这样一步一步地照样做下去就行了。

例四：求336，1260和350的最小公倍数。

先求336和350的最小公倍数。

24	336	350	1
	336	336	
	0	14	

∴ $G.C.M. = 14$，而 $L.C.M. = 336 \div 14 \times 350$

$$= 24 \times 350 = 8\,400$$

再求8400和1260的最小公倍数。

1	1260	8400	6
	840	7560	
	420	840	2
		840	
		0	

∴ $G.C.M. = 420$，而 $L.C.M. = 1\,260 \div 420 \times 8\,400$

$$= 3 \times 8\,400 = 25\,200$$

如果可以利用前面例子已知336和1260的最小公倍

数是5040，再求5040和350的最小公倍数，那么我们很

容易知道它们的最大公约数是70。

∴ $L.C.M. = 350 \div 70 \times 5040 = 5 \times 5040 = 25\,200$

其实，许多实际问题的计算，都和最大公约数或最小公倍数

有关系。现在举几个例子：

例一：某数用45去除剩20，若用9去除剩多少？

因为45是9的倍数，所以用9去除所剩的数是从余数20被9去除得出来的。

20÷9＝2剩2，所以某数用9去除剩的是2。

例二：比1大而比100小的三个数，相乘得2838，这三个数是什么？

三个数的乘积就等于它们的各个质因数的乘积。因此，我们先把2838析成质因数的积。

2838＝2×3×11×43

一共有四个质因数，如果把这四个质因数分成三组，三组所成的数相乘都可以得2838。

但是，题目却限制三个数都要小于100，因此3和11都不能同43在一组。所以就43来说，只能单独在一组或同2在一组。

43单独在一组，剩下的三个质因数2，3，11，又得分成两组，这有三种可能：

11，2×3；11×2，3；11×3，2

总结起来就可以得到三种解答：

43，11，6；43，22，3；43，33，2

如果43同2在一组，那就只剩下两个质因数3和11。因此，三个数只能是86（43×2），11，3。

本题的解答一共有四种：

43，11，6；43，22，3；43，33，2；86，11，3。

例三：用28和16分别去除都剩5的数，最小的是什么呢？

凡是28的倍数加上5用28去除都剩5，凡是16的倍数加上5，用16去除都剩5。

28和16的公倍数加上5，用28和16分别去除都剩5。因为题目上要的是最小的一个，所以，先求28和16的最小公倍数，再加上5就得所求的数。

$\because 28=2^2 \times 7$，$16=2^4$

$\therefore L.C.M.=2^4 \times 7=112$，而$112+5=117$即所求的数

例四：两数的最大公约数是12，最小公倍数是72，请求这两个数。

我们知道，两个数的最大公约数分别去除两个数所得的商是互质数。并且，它们的最小公倍数就等于它们的最大公约数和这两个商相乘的积。所以：

最小公倍数÷最大公约数＝最大公约数除各数的商的积。

$72 \div 12=6=2 \times 3$

因为2和3正是互质数，

所以，$12 \times 2=24$和$12 \times 3=36$就是所求得的两个数。

例五：两数的积是5766，最大公约数是31，求这两个数。

我们知道，两数的积÷最大公约数＝最小公倍数。

$5766 \div 31=186$……最小公倍数。

依上例的算法：$186 \div 31=6=2 \times 3$

所以，$31 \times 2=62$和$31 \times 3=93$就是所求得的两个数。

例六：两数的和是144，最大公约数是24，求这两个数。

两个数的和÷最大公约数＝两个数被最大公约数除所得的商的和。

$\therefore 144 \div 24=6=1+5=2+4=3+3$

但是，这两个商必须是互质数，因而只能取1和5，所以，

24×1＝24和24×5＝120就是所求的两个数。

例七：甲、乙两个齿轮互相衔接，甲有35齿，乙有40齿。甲的某一齿和乙的某一齿相接触后，然后再相接，至少各需要转动几次？

两个齿轮同时转动，从某两齿相接到第二次相接，它们转动的时间相同，所以转过的齿数也就相等。因此所转的齿数最少是它们齿数的最小公倍数。

∵ 35＝5×7和40＝5×2³

∴ L.C.M.＝7×5×2³＝280

又260÷35＝8和280÷40＝7

即甲齿轮转8次，乙齿轮转7次。

例八：甲、乙、丙三个人骑自行车绕着一个圆的场子转，甲4分钟转一次，乙6分钟，丙8分钟。三个人从同一地点出发，到同一地点相会，至少需多少时间？各转几周？

三个人从出发到原地点相会，所走的时间是相同的，并且所转场子的周数都是整数。所以所需的时间必是各人转一周的时间的公倍数。所求的最少的时间，即它们的最小公倍数。

4，6，8的最小公倍数＝24

即至少需24分钟。

24÷4＝6，24÷6＝4，24÷8＝3

即甲转6周，乙转4周和丙转3周。

例九：把135厘米长，105厘米宽的纸裁成一样大的正方块，不许有剩余纸，那么这个正方块最大每边长多少？一共能够裁多少块？

因为要裁成正方块，并且不能剩余纸，所以，每边的长必须是135厘米和105厘米的最大公约数。

$135=3^3 \times 5$ 和 $105=3 \times 5 \times 7$

$\therefore G.C.M.=3 \times 5=15$（厘米），即正方块每边的长。

$135 \div 15=9$，长处可以裁9块。

$105 \div 15=7$，宽处可以裁7块。

$7 \times 9=63$，一共裁63块。

例十：将长15厘米，宽12厘米的长方石砖铺成正方形，最少要多少块？铺的地面每边多少长？

因为铺成的是正方形，那么它的一边必须是石砖的长和宽的公倍数。

$15=3 \times 5$ 和 $12=3 \times 4$

$\therefore L.C.M.=3 \times 4 \times 5=60$，即每边至少长60厘米。

$60 \div 15=4$ 和 $60 \div 12=5$，$4 \times 5=20$

即至少要20块石砖。

16 因式与独项因式

在算术里面，我们是专拿数来做研究对象的，研究数的性质，研究计算数的法则。并且所研究的数的范围也比较狭窄。即如约数，倍数，公约数，公倍数……这些都是只拿自然数或者说正整数作为对象的。

在代数里因为用了文字去代替数，所以研究的虽然基本上还是数的性质以及计算它们的法则，但我们是用式子表示出来而加以研究的。因此，和算术里面的数相当的却是一些式子。

两个或几个式子相乘得出另外一个式子来，我们把它叫作那相乘的几个式子的积。这几个相乘的式子，就叫作那所得的积的因式。

例如：$(3ab) \times (2ax) = 6a^2bx$

$\qquad a(x+y+z) = ax+ay-az$

$\qquad (a+b)(x+y) = ax+ay-bx-by$

$3ab$ 和 $2ax$ 就是 $6a^2bx$ 的因式。

a 和 $x+y+z$ 就是 $ax+ay+az$ 的因式。

$a+b$ 和 $x+y$ 就是 $ax+ay-bx-by$ 的因式。

这自然就很容易明白了，一个式子如果是由几个式子相乘得出来的，那么这些式子中的每一个都除得尽它。所以，这样的式子就叫作它的因式的倍式。

接着，一个式子如果只有它自己是它的因式（看成是1和它相乘得的积），就叫作质式。在算术里，我们可以把自然数列中的质数依照大小的顺序列出许多来，在代数里，再照样列出许多质式来，那是不可能的，也是不必要的。

把一个式子分析成为若干个质式的连乘积，这叫作析因式，算术里的析因数，我们是把小于被析数的质数从小到大依次去试除它。在代数里，我们没有什么一系列的质式，可以用它们分别来除任何一个式子，所以同样的方法就没有了。

代数里的析因式，基本上只是乘法的倒转。我们如果熟习了某种形式的两个式子相乘得出什么一种形式的式子，那么遇着这种形式的式子，就可以把它分成某种形式的两个因式。

析因式在代数里相当重要，我们一定要善于把握一些式子的形式。

一个式子的各项所共同有的因式，叫作它的独项因式。由乘法，我们可以知道：

$a(b+c+d)=ab+ac+ad$

反过来看，就是：

$ab+ac+ad=a(b+c+d)$

a是左边这个式子的各项所共同有的因式，它就是这个式子的独项因式。因此，左边这个式子就是由右边的两个式子a和$b+c+d$相乘得的。

例一：析$12a^3x^3-9ax^2y+15ax^2y^2$的因式。

先从各项的系数12，9，15看，它们的公因数是3。

再看各项都有a和x^2。

所以 $3ax^2$ 便是这个式子的独项因式。

用 $3ax^2$ 分别去除各项得 $4ax$，$3y$ 和 $5y^2$。

$\therefore 12a^3x^3 - 9ax^2y + 15ax^2y^2$

$= (3ax^2)(4ax) - (3ax^2)(3y) + (3ax^2)(5y^2)$

$= 3ax^2(4ax - 3y + 5y^2)$

例二：析 $(x+y)^3 - (x+y)^2 + (x+y)$ 的因式。

我们把 $(x+y)$ 看成一个独项因式，它是各项所共同有的。

$\therefore (x+y)^3 - (x+y)^2 + (x+y)$

$= (x+y)(x+y)^2 - (x+y)(x+y) + (x+y) \times 1$①

$= (x+y)[(x+y)^2 - (x+y) + 1]$

例三：析 $(4x+3y)(2x-7y) + (7x-6y)(7y-2x)$ 的因式。

就表面看去，$4x+3y$ 第二项没有，$7x-6y$ 第一项没有，而 $2x-7y$ 和 $7y-2x$ 又不一样，好像这个式子就没有独项因式。但是我们如果注意到 $7y-2x = -(2x-7y)$，二者只差一个符号，就能发现 $2x-7y$ 是两项所共同有的因式。

$\therefore (4x+3y)(2x-7y) + (7x-6y)(7y-2x)$

$= (4x+3y)(2x-7y) - (7x-6y)(2x-7y)$

$= (2x-7y)\{(4x+3y) - (7x-6y)\}$

$= (2x-7y)(4x+3y-7x+6y)$

$= (2x-7y)(9y-3x)$

$= 3(2x-7y)(3y-x)$

---

① 无论什么式子都可以看成是它和 1 相乘得到的。在析因式的时候，切不可因为整个的式子拿到括弧外面以后，那一项就作为 0。因为析因式拿出一个因式，基本上是用那个因式去除原式的各项，所以应当有一个商数 1。

有些式子，各项没有共同的因式，但是如果把它分成若干组，每组的各项都有共同的因式。并且把各组的独项因式分析出来以后，各项就有了共同的因式。遇着这种情况，就先分组再析独项因式。

分组的时候必须注意：

（1）每组的项数必须一样多。

（2）分了以后，每组的各项要有共同的因式。

（3）把每组的独项因式析出后，所得式子的各项也有共同的因式。

例一：析 $ab+cd+ac+bd$ 的因式。

这个式子，四项没有共同的因式，第一、二项和第三、四项

也没有共同的因式。但是如果把各项的顺序调动一下，就可以分成两组，每组的两项都有共同的因式。

$$ab+cd+ac+bd=(ab+ac)+(bd+cd)$$
$$=a(b+c)+d(b+c)$$
$$=(b+c)(a+d)$$

也可以这样：

$$ab+cd+ac+bd=(ab+bd)+(ac+cd)$$
$$=b(a+d)+c(a+d)$$
$$=(a+d)(b+c)$$

例二：析 $ax-ay+bx+cy-cx-by$ 的因式。

$$ax-ay+bx+cy-cx-by$$

$$=(ax-ay)+(bx-by)-(cx-cy)$$
$$=a(x-y)+b(x-y)-c(x-y)$$
$$=(x-y)(a+b-c)$$

也可以这样：

$$ax-ay+bx+cy-cx-by$$
$$=(ax+bx-cx)-(ay+by-cy)$$
$$=x(a+b-c)-y(a+b-c)$$
$$=(x-y)(a+b-c)$$

第一法是用 a、b、c 作标准分成三组；第二法是用 x、y 作标准分成两组。

例三：析 $a^2+cd-ab-bd+ac+ad$ 的因式。

$$a^2+cd-ab-bd+ac+ad$$
$$=(a^2+ad)-(ab+bd)+(ac+cd)$$
$$=a(a+d)-b(a+d)+c(a+d)$$
$$=(a+d)(a-b+c)$$

或

$$a^2+cd-ab-bd+ac+ad$$
$$=(a^2-ab+ac)+(ad-bd+cd)$$
$$=a(a-b+c)+d(a-b+c)$$
$$=(a+d)(a-b+c)$$

例四：析 $x^4+x^3+2x^2+x+1$ 的因式。

这个式子，形式上只有5项，不能分成项数一样的两组或三组，但是如果把 $2x^2$ 看成 x^2+x^2，原式就成了六项。这种把一项分开成两项或几项的方法，会常常用到。

$$x^4+x^3+2x^2+x+1=(x^4+x^3+x^2)+(x^2+x+1)$$
$$=x^2(x^2+x+1)+(x^2+x+1)$$
$$=(x^2+1)(x^2+x+1)$$

或

$$x^4+x^3+2x^2+x+1=(x+x^2)+(x^3+x)+(x^2+1)$$
$$=x^2(x^2+1)+x(x^2+1)+(x^2+1)$$
$$=(x^2+1)(x^2+x+1)$$

例五：析 $ab(c^2-d^2)-(a^2-b^2)cd$ 的因式。

$$ab(c^2-d^2)-(a^2-b^2)cd=abc^2-abd^2-a^2cd+b^2cd$$
$$=(abc^2-a^2cd)+(b^2cd-abd^2)$$
$$=ac(bc-ad)+bd(bc-ad)$$
$$=(bc-ad)(ac+bd)$$

或

$$ab(c^2-d^2)-(a^2-b^2)cd=abc^2-abd^2-a^2cd+b^2cd$$
$$=(abc^2+b^2cd)-(a^2cd+abd^2)$$
$$=bc(ac+bd)-ad(ac+bd)$$
$$=(ac+bd)(bc-ad)$$

17　数学是什么学问

在这一节里，我打算写些关于数学的总概念的话，但我并不确定写出来是否比不写要好一些。其实，关于"数学的园地"这个题目，是否要动手写，要如何写，现在，我仍然不确定。

第一个疑问：谁要看这样的东西呢？对于对数学感兴趣的朋友们，自己走到数学的园地里去观赏，无论怎样，得到的一定比看完这篇粗枝大叶的文字多。至于对数学没兴趣的朋友们，它就是件扫兴的事情了，不是吗？

第二个疑问：这样的写法，会不会反而给许多人一些似是而非的概念呢？

关于第一个疑问，我不想再说什么。对于第二个疑问，却好像应该回应一下，这才对得起那些花时间来看这篇文字的朋友们！

数学是什么？它究竟是什么？你如果希望得到的是一个完全符合逻辑的答案，我只能说我能力不够。

那么，这里还能够说什么呢？我只想写几个别人的答案出来，这虽然不能使朋友们满意，但通过它们也可以知道一点数学园地的轮廓吧！

远在亚里士多德以前的一个回答，也是所有回答当中最通俗的一个，它是这样说的：

数学是计量的科学。

朋友，这个回答你满意吗？什么叫作量？怎样去计算它？假如我们说，测量和统计都是计量的科学，这大概不会有什么问题吧！

虽然，它们的最后目的并不是只要求出一个量的关系来，但就它们的方法来说，对于量的计算比较直接些。因此，孔德（Auguste Comte）就将它改变了一下：

数学是间接计量的科学。

他这样改变，并不是为了担心与测量、统计这些相混。实在是因为有许多量是无法直接测定或计算的。比如天空中闪动的星星的距离和大小，比如原子的距离和大小，一个大得不堪，一个小得可怜，我们是无法直接去测量它们的。

这个回答虽然已经有所进步，但它就能令我们满意吗？量是什么东西？这还是要解释的。先不去管它，我们姑且照常识的说法，给"量"一个定义。

不过，就是这样，到了近代，数学的园地里增加了一些稀奇古怪的建筑，它也不能包括进去了。在那广阔的园地里，有许多新的亭楼、树立着的匾额，什么群论、投影几何、数论、逻辑的代数……这些都和量绝缘。

孔德的回答出现了漏洞，于是又有许多人来加以修正，这要一个个地列举出来，当然不可能。随便举一个，如皮尔士（Peirce）的定义：

数学是引出必要的结论的科学。

他的这个回答，内容自然宽广了些，但是仍有疑问。所谓"必要的结论"是什么呢？他究竟怎样解释，按照他的解释能不能说明数学究竟是什么？谁也不知道。

另外，从前数学的园地里面，都只是尽量地在各个院落中增加建筑、培植花木。即使是另辟院落，也是向着前面开阔的地方去开垦。

近来却有些工匠，想要在这些院落的后面开辟出一条大道来，通到相邻的逻辑园地去。他们努力的结果，自然已有相当的成绩，但把一座数学的园地弄得五花八门，要解释它就更困难了。

最终，对于我们所期待的回答，回答得越多反而越让我们"糊涂"。罗素（Russell）的回答更巧妙，简直像开玩笑一样，他说：

Mathematics is the subject in which we never know what we are talking about nor whether what we are saying is true.

假如你真要我将它翻译出来，那我想是这样的："有人来问我，连我也不知。"你应该知道这两句话的来历吧！

数学究竟是什么？我想要列举出来的回答，只有这么多。不是越说越糊涂，越说越不像样了吗？是的！虽然不能简单地说明它，但也说明一大半了！

研究科学的人最喜欢给他所研究的东西下一个定义，所以一般的科学书，翻开第一页第一行就是定义，而且这些定义几乎都有一定的形式。

这样一来，买到那本书的人翻开一看非常高兴，用不了五分钟，便可将书放到箱子里去，说起那一门的东西，自己也就可以回答出它讲的是什么。然而，这简直和卖膏药的广告没什么区别。

假如有一门科学，已经可以给它下一个悬诸国门不能增损一字的定义，也就算完事了。每时每刻进步不止的科学，没有人能说明它究竟是什么！越是发展旺盛的科学，越难有确定的定义。

不过，我们调转方向探究数学的性质，好像有一点是非常特别的，就是喜欢用符号。有0，1，2，…9共10个符号，以及＋、－、×、÷、＝共5个符号，便能计算通常的数。

计算它们，仅仅用加、减、乘、除计算不方便。我们又画一条线来隔开两个数，说一个是分母，一个是分子，这样就有了分数的计算。接连下去，在运算方面我们又有了比例的符号，在记数方面我们又有了方指数和根指数。

关于数的记法，这还只是就算术而言。到了代数，你知道的符号就更多了。到了微积分其实也不过多几个符号而已。

数学之所以叫人头痛，大概就是这些符号在作怪。你要把它看得灵活，那么它就真灵活。你要把它看得呆板，那么它就真够呆板。

所谓数学家，依我说，就是一些能够支使符号的人物。他们写在数学书上的东西，说高深，自然是高深，真有些是不容易懂的，但假如不许他们用符号，他们就一筹莫展了！

所以数学这个东西，真要说得透彻些，离开了符号，简直没有办法说清楚。你初学代数的时候，总有些日子，对于*a*、*b*、

c、x、y、z是想不通的，觉得它们和你用惯的1，2，3，4，…有些区别。

自然，说它们完全一样，是有点靠不住的。你去买白菜，说要x斤，别人只好鼓起两只眼睛瞪着你。但你用惯了，做起题来，也就不会感到它们有什么差别了。

数学就是这么一回事，这篇文章里虽然尽量避去符号的运用，但只是为了给那些不喜欢或是看不惯符号的朋友说一些数学的概念，所以有些非用符号不可的东西，只好不说了！

朋友！你如果高兴，想在数学的园地里尽情地玩耍，请你多多练习使用符号的能力。

你见到一个人直立着，两手向左右平伸，不要联想到那是钉死耶稣的十字架，你就想象他的两臂恰好是水平线，他的身体恰好是垂直线。

假如碰巧有一只蝴蝶从他的耳边斜飞到他的手上，那更好，你就想象它是在那里运动的一点，它飞过的路线，便是一条曲线。这条曲线表示一个函数，可以求它的诱导函数，也可以求这个诱导函数的诱导函数，这就是蝴蝶飞行的速度和加速度了！

18 集合论的真实内涵

科学的发展，有一个富有趣味的倾向，那就是每一种科学诞生以后，科学家们便拼命地使它向前发展。

正如大获全胜的军人遇见敌人，总要追到山穷水尽一般。穷追的结果，自然可以得到不少战利品，但是后方空虚，却也是很危险的。

一种科学发展到一定程度，想要向前进取，总不如先前容易，这是从科学史上可以见到的。因为前进会让人感到吃力，于是有些人会疑心到它的根源上去。

这样一来，就要动手考查它的基础和原理了。前一节不是说过吗？在数学的园地中，近来就有人在背阴的一面开垦着。

一种科学恰好和一个人一样，年轻的时候，生命力旺盛，只知道按照自己的思想往前冲，结果自然进步飞快。在这个时期，谁还有工夫去思前想后，回顾自己的来路呢？

一种科学从它的几个基本原理或法则建立的时候起，科学家总是替它开辟领土，增加实力，使它光芒万丈、傲然自大。然而，上面越壮大，下面的根基就必须越牢固，不然头重脚轻，岂不是要栽跟头吗？

所以，对于营造科学园地，到了一个范围较大、内容繁多的时候，建筑师们对于添造房屋就逐渐慎重、犹豫起来了。

如果没有确定它的基石牢固到什么程度，扩大的工作便不敢贸然开始。这样，开始将他们的事业转一个方向去进行：将已经做成的工作全部加以考查，把所有的原理拿来批评，将所用的论证拿来估价，仔细去证明那些用惯了的简单命题。

他们对于一切都抱有怀疑态度，如果不是重新经过更可靠、更明确的方法证明结果并没有差异，即使是已经被一般人所承认的，他们也不敢断然相信。

一般来说，数学园地里的建筑都比较稳固，但是许多工匠也开始怀疑它，并从根基着手考查了。因为推证的不完全或演算的错误，难免会混进一些错误进去。所以重新考查，确实有这个必要。

为了使科学的基础更加稳固，将已用惯的原理重新考订是非常重要的工作。无论是数学或别的科学，它的进展中常常会添加一些新的意义，而新的意义又大半是凭直觉而来的。因此，如果是严格地加以限定，有些意义就变成不可能了。

比如，一个名词，我们在最初给它下定义的时候，总是很小心、很精密，也觉得它足够完整了。但是用来用去，它所解释的东西逐渐变化，涵盖的内容简直和它本来的意义大相径庭。

我来举一个例子，在逻辑上讲到名词的多义时，就一定能讲出许多名词，它的意义逐渐扩大，而许多词义又逐渐缩小。

例如，"墨水"，顾名思义就是把黑的墨溶在水中的一种液体。但现在我们却常说红墨水、蓝墨水、紫墨水等。这样一来，墨水的意义已经全然改变。

对于旧日用惯的词义，倒要另替它取个名字叫黑墨水。墨本来是黑的，但事实上必须在它的前面加一个形容词"黑"，可见现在我们口中所说的"墨"，已不一定含有"黑"的性质了。日常生活中词意的这种变迁，在科学上也不能避免，只不过没有这么明显罢了。

其次，说到科学的法则，最初建立它的时候，我们总觉得它如果不是绝对的，那么在科学上的价值就不大。但是，我们真正能够将一个法则拥护着，使它永远享有绝对的力量吗？

所谓科学上的法则，它是根据我们所观察的或实验的结果归纳而来的。人力毕竟是有限的，因此，我们疏漏的那一部分，也许就是我们所认为的绝对法则的死对头。科学是要承认事实的，所以科学的法则，有时就有例外。

我们还是来举例吧！在许多科学常用的名词中，有一个名词，它的意义究竟是什么，很难严格地规定，这就是所谓的"无限"。

抬起头仰望天空，白云的上面还有青色的云，有人问你天外是什么，你只好回答他"天外还是天，天就是大而无限的"。他如果不懂，你就要回答，天的高是"无限"。

在黑夜看见闪烁的星星挂满了天空，有人问你它们究竟有多少颗，你也只好说无限。然而，假如问你无限是什么意思呢，你怎样回答？你也许会这样想，就是数不清的意思。

但我要和你纠缠不清了。你的眉毛数得清吗？当然是数不清的。那么你的眉毛是无限的吗？"无限"和"数不清"不完全一样，是不是？

所以，我们平常在用"无限"时，确实含有一个不能理解，或者说不可思议的意思。换句话说，就是超越了我们的智力，简直到达了我们精神力量的极限。

"无限"真是一个神奇的东西，平常说话会用到它，文学、哲学上也会用到它，科学上那就更不用说了。

在数学的园地中，对于各色各样的东西，我们大都很清楚，却被这"无限"征服了。站在它的面前，我们总免不了要头昏眼花。它是多么神秘的东西啊！

虽是这样，数学家们还是不甘屈服，总要探索一番。这里便打算大略说一说。不过请容许我先来绕一个弯。

这一节的题目是"集合论"，我们就先来说"总集"这个词在这里的意义。有些相同或不相同的东西放在一起，我们只计算它的数量，不管它们究竟是什么，这就叫它们的总集。

比如，你的衣兜里放有三个"一元硬币"、五个"五角硬币"和十二个"一角硬币"，不管三七二十一，我们只数叮叮当当响着的一共是二十个，二十就称为含有二十个单元的总集。至于单元的性质，我们不必追问。

又如，你在教室里坐着，有男同学、女同学和教师。教师一人，女同学五人，男同学十四人，那么，这个教室里教师和男、女同学的总集，恰好和你衣兜里的钱的总集是一样的。

朋友，你也许要问这样混杂不清的数目有什么用呢，是的，当你学算术的时候，你的老师一定很认真地告诉你，不是同一种类的量不能加在一起。

算术总叫你处处小心，不仅要注意到量是同种类，而且还要同单位才能相加减。但现在，我们却不管这些了，这有什么用处呢?

它的用处真是太大了！我们要用它去窥探我们难以理解的"无限"。其实，你会有那样的疑问，实在是由于你太认真而又太不认真的缘故。

你为什么把"一元""五角""一角"的硬币以及"男""女""学生""教师"的区别看得那么大呢？你为什么不从根本上去想一想，数本来只是一个抽象的概念呢？

我们只关注数的概念时，你衣兜里东西的总集和教室里人的总集，不是一样的吗？"二十"这个数就是含有二十个单元，而不管它们的性质所得出来的总集。

数的发生可以说是由于比较，所以我们就来说总集的比较法。比如有两个总集，一个含有十五个单元，我们用$E15$表示，另外一个含有十个单元，用$E10$表示。

现在来比较这两个总集，对于$E10$当中的各个单元，都从$E15$当中取一个来和它成对，这是可以做到的。

但是，假如对于$E15$当中的各个单元，都从$E10$当中取一个来和它成对，做到第十对，就做不下去了，只好停止。可见，掉一个头是不可能的。遇到这种情形的时候，我们就说："$E15$超过$E10$。"或是说："$E15$包含$E10$。"或者说得更文气一些："$E15$的次数高于$E10$的次数。"

假如另外有两个总集Ea和Eb，虽然我们不知道a、b是什么，但是我们不仅能够对于Eb当中的每一个单元，都从Ea中取一个出来和它成对，而且还能够对于Ea当中的每一个单元，都从Eb中取一个出来和它成对。我们就说，这两个总集的次数是一样的，它们所含单元的数量相同，也就是a等于b。

前面说过，你衣兜里钱的总集和教室里人的总集一样。你可以从衣兜里将钱拿出来，分给每人一个。反过来，每个钱也能够不落空地被人拿去。这就可以说这两个总集一样，也就是钱的数目和教室里人的数目相等。

因为数目简单，两个总集所含单元的数量，你都知道了，所以这个例子很容易，但是这个比较法，就是对于不知道总集所含单元数量的情形，同样也可以使用到其他的例子中。我再来举几个通常的例子，然后回到数学的本身上去。

你在学校里，经常讲到或听到"师生"两个字。"师"的总集和"生"的总集，就不一样。古往今来，"师"的"总集"和"生"的"总集"是什么，没有人回答得出来。

然而我们却可以想得到，每一个"师"都给他一个"生"，要他完全负责任，这是可能的。但如果要每一个"生"，都给他找一个专一只对他负责任的"师"，那就不可能了。

所以，这两个总集不一样。因此，我们可以说"生"的总集的次数高于"师"的总集的次数。

再举个例子，比如父和子、长兄和弟弟、伟人和丘八❶，这些总集都不一样。要找一个总集相等的例子，那就是夫妻俩。

虽然我们并不知道全世界有多少个丈夫和多少个妻子，但有资格被称为丈夫的，必须有一个妻子。反过来，有资格被人称为妻子的，也必须有一个丈夫。所以无论从哪一边说，"一对一"的关系都能成立。

好了！让我们来讲数学上关于"无限"的话吧。我们来想象一个总集，它含有无限个单元，如整数的总集：

$$1, \ 2, \ 3, \ 4, \ 5, \ \cdots, \ n, \ \cdots, \ (n+1), \ \cdots$$

这是非常明白的，它的次数比一切含有有限个数单元的总集都高。我们现在将它和别的无限总集做比较，就用偶数的总

---

❶ 旧时称兵（"丘"字加"八"字成为"兵"字，含贬义）。

集吧：

2，4，6，8，10，…，$2n$，…，$(2n+2)$，…

这就有些趣味了。照我们平常的想法，偶数只占全整数的一半，所以整数的无限总集当然比偶数的无限总集次数要高，不是吗？

十个连续整数中，只有五个偶数，一百个连续整数中也不过五十个偶数，就是一万个连续整数中也还不过五千个偶数，总归偶数只有连续整数的一半。所以要成"一对一"的关系，似乎有一面是不可能的。

然而，你错了，你不能单凭有限的数目去想，我们现在是在比较两个无限的总集呀！"无限"总有些奇怪！我们试将它们一个对一个地排成两行：

1，2，3，4，5，…，n，…，$(n+1)$，…

2，4，6，8，10，…，$2n$，…，$(2n+2)$，…

因为两个都是"无限"的缘故，我们自然不能把它们通通都写出来。但是我们可以看出来，第一行有一个数，只要用2去乘它，就得出第二行中和它相对的数来。

反过来，第二行中有一个数，只要用2去除它，也就能得出第一行中和它相对的数来。这个"一对一"的关系，不是无论用哪一行做基础都可能吗？那么，我们有什么权利来说这两个无限总集不一样呢？

整数的无限总集，因为它是无限总集中最容易理解的一个，又因为它可以由我们一个一个地列举出来，所以我们给它取一个名字，叫"可枚举的总集"（L'ensemble dé-nombrale）。

我们常常用它来作无限总集比较的标准，凡是次数和它相同的无限总集，都是"可枚举的无限总集"。单凭直觉也可以断定，整数的无限总集在所有的无限总集当中是次数最低的一个，它可以被我们用来做比较的标准，也就是这个缘故。

在无限总集当中，究竟有没有次数比这个"可枚举的无限总集"更高的呢？我可以很爽快地回答你：有。不但有，而且想要多少就有多少。从这个回答中，我们对于"无限"算是有些认识了，不像以前那样模糊了。

集合论是由康托尔（Cantor）最先提出的。他所创设的集合论，不但在近代数学中占有很重要的位置，还开辟了数学进展的一条新路径，这使人不得不对他万分崇敬！

在康托尔以前，我们只觉得无限就是无限，吾生也有涯[1]，弄不清楚它就算了。但现在想起来，无须什么证明，我们有些时候也能够感觉到，无限总集是可以不相同的。

再来举个例子：比如一条能决定点的位置的直线，从0点起，尽管延长出去，它所包含的点就是一个无限总集。我们觉得它的次数要比整数的无限总集的高，而事实上也验证了我们的直觉并没有错。

但是，朋友！你不要太乐观，有些时候，纯粹的直觉会叫你上当的。你不相信吗？比如有一个正方形，它的一边是AB。我问你，整个正方形内的点的总集，是不是比这一边AB上的点的总集的次数要高些呢？

就凭我们的直觉，总要给它一个肯定的回答，但是这次你上当了，仔细去证明会发现，它们的次数恰好相等。

总结以上的话，请你记好这个基本的定理：如果有了一个无

---

[1] 译为人生是有限的。

限总集，我们总能够找出一个次数比它高的来。

要证明这个定理，我们就用整数的总集来做基础，那么，所有可枚举的无限总集也就不用再证明了。为了说明简单，我随意再用一个总集。

照前面说过的，整数的总集是这样：

1, 2, 3, 4, 5, …, n, …, ($n+1$), …

就用E代表它。

凡是用E当中的单元所做成的总集，无论所含的单元的数有限或无限，都称它们为E的"局部总集"，所以：

17, 25, 31

2, 5, 8, 11, …, 2+3($n-1$), …

1, 4, 9, 16, …, n^2, …

这些都是E的局部总集，我们用P_n来代表它们。

第一步，凡是用E的单元能够做成的局部总集，我们都将它们做尽。

第二步，我们就来做一个新的总集C，C的每一个单元都是E的一个局部总集P_n，而且所有E的局部总集全都包含在里面。这样一来，C便成了E的一切局部总集的总集。

现在我们要证明C的次数比第一个总集E的次数高。我们必须要保证对于E的每一个单元都能从C当中取一个出来和它成对。实际上只要依下面的方法配合就够了：

   1, 2, 3, …, n, … (E)

(1、2) (2、3) (3、4)…(n、$n+1$)…(C的一部分)

从这样的配合法中可以看出来，第二行只用到C单元的一部分，所以C的次数或是比E的高或是和E的相等。

　　我们能不能反过来，对于C当中的每一个单元都从E当中取出一个和它成对呢？

　　假如能做到，那么E和C的次数是相等的；假如不能做到，那么C的次数就高于E的次数。那么，我们不妨假定能够做到，看会不会碰钉子！

　　计算这种配合法的方法是有的，我们随便一对一对地将它们配合起来，写成下面的样子：

P_1，P_2，P_3，…，P_n，…（C）

1，2，3，…，n，…（E）

　　可以看出，第一行是所有的局部总集，就是包括所有C的单元。第二行却说不定，也许是一切的整数，也许只有一部分。因为我们是对着第一行的单元取出来的，究竟取完了没有还说不定。

　　现在，我们来一对一地检查一下。先从P_1和它的对儿1起。因为P_1是E的局部总集，所以包含的是一些整数，现在P_1和1的关系有两种：一种是P_1里面有1，另一种是P_1里面没有1。

　　假如P_1里面没有1，我们将它放在一边。接着来看P_2和2这一对，假如P_2里就有2，我们就把它留着。照这样一直检查下去，把所有的P_n都检查完，凡是遇见整数n不在它的对儿当中的，都放在一边。

　　经过这些检查后，另外放在一边的整数，我们又可以做成一个整数的总集。而我们新做成的整数总集不过包含整数的一部分，所以它也是E的局部总集。

　　但是我们前面说过，C的单元是E的局部总集，而且所有E的局部总集全部包含在C里面了，所以这个新的局部总集也应当是C的一个单元。

用 P_t 来代表这个新的总集，P_t 就应当是第一行 P_n 中的一个，因为第一行是所有的单元。

既然 P_t 已经站在第一行里了，就应当有一个整数或是说 E 的一个单元来和它成对。假定和 P_t 成对的整数是 t。在这里，又有两种可能的情况：

第一种：t 是 P_t 的一部分，但是这回真碰钉子了。P_t 所包含的单元是在第一行中成对的单元所不包含在里面的整数，而 P_t 就是第一行的一个单元，这不是矛盾了吗？所以 t 不应当是 P_t 的一部分。

第二种：t 不是 P_t 的一部分，还是不行。P_t 是第一行的一个单元，t 和它相对又不包含在里面，我们检查的时候，就把 t 放在一边。所以 P_t 就是这些被放在一边的整数的总集，t 就应当是 P_t 的一部分。

这是多么糟糕！第一种说法，t 是 P_t 的一部分，不行；第二种说法，t 不是 P_t 的一部分，也不行。

在 E 的单元当中，就没有和 C 的单元 P_t 成对的。第一次将 E 和 C 比较，已知道 C 的次数必是高于或等于 E 的次数。现在比较下来，E 的次数不能和 C 的次数相等，所以我们说 C 的次数高于 E 的次数。

归根结底，对于一个无限总集，我们总可以做出次数高于它的无限总集来。

无限总集的理论，也有一个无限的广场展开在它的面前！我们常常都能够比较无限总集的次数吗？我们能够将无限总集按照它们次数的顺序排列吗？

　　一种新的理论的产生正和一个婴儿的诞生一样，要他长大，做出一番惊人的事业，都少不了养育和保护！不过这个理论既然已经具有相当的基础，又逐渐向前进展，这些问题总会解决，毕竟现在我们对于"无限"这个概念，不像从前一样感到不可思议了！